U0192423

大模型时代

ChatGPT

拉开硅基文明序幕

司马华鹏 汤毅平 唐翠翠 范宏伟 著

電子工業出版社
Publishing House of Electronics Industry
北京•BEIJING

图书在版编目（CIP）数据

大模型时代：ChatGPT拉开硅基文明序幕 / 司马华鹏等著. —北京：电子工业出版社，2023.7
ISBN 978-7-121-45672-5

Ⅰ. ①大… Ⅱ. ①司… Ⅲ. ①人工智能 Ⅳ. ①TP18

中国国家版本馆CIP数据核字（2023）第092580号

责任编辑：张　毅
印　　刷：天津善印科技有限公司
装　　订：天津善印科技有限公司
出版发行：电子工业出版社
　　　　　北京市海淀区万寿路173信箱　　邮编：100036
开　　本：720×1000　1/16　印张：18.75　字数：192 千字
版　　次：2023 年 7 月第 1 版
印　　次：2025 年 2 月第 9 次印刷
定　　价：108.00元

凡所购买电子工业出版社图书有缺损问题，请向购买书店调换。若书店售缺，请与本社发行部联系，联系及邮购电话：（010）88254888，88258888。

质量投诉请发邮件至zlts@phei.com.cn，盗版侵权举报请发邮件至dbqq@phei.com.cn。

本书咨询联系方式：（010）57565890，meidipub@phei.com.cn。

站在科技新起点，开启 AI 认知升级之旅

在这个快速发展的时代，人工智能（AI）已经成为各行各业的重要驱动力，尤其是 ChatGPT 的出现，让我们突然意识到，GPT 将是数字世界的新王者，将深刻改变我们的生活。过去的“互联网 +”，讲究的是互联网思维；未来将迭代为“人工智能 +”，以后更多的是人工智能思维。

《大模型时代：ChatGPT 拉开硅基文明序幕》这本书，正如书名所描述的那样，揭开了数字世界的新篇章。我始终认为，如今的 GPT 已经是通用人工智能，也是超级人工智能的雏形。从感知进化到认知，对数字世界来讲是一次重大颠覆，传统算法也将被替代。大模型将会带来一场新的工业革命。随着 GPT 的出现，大模型就像发电厂一样，把大数据从“石油”加工成“电”，从而赋能各行各业。

大模型将如何赋能各行各业？这本书做了很好的解答。本书从大模型的一个典型场景切入，详细解读了 AIGC 的由来及发展历程，探讨大模型在图像、视频生成，短视频、数字人制作，语音合成、克隆与变换等方面的应用。书中还对一些经典商业案例进行了解读，不是单纯的纸上谈兵。这样一本理论与实践相结合的书，读起来饶有趣味。

我很高兴硅基智能团队创作了这本大模型的科普读物，也很欣赏硅基智能创始人、本书作者之一司马华鹏所倡导的“科技平权”。在私下交流中，我了解到司马华鹏十分推崇技术的普及、普惠。他常用“旧时王谢堂前燕，飞入寻常百姓家”来表达自己对科技平权的期许。而这本书也确实践行了这一理念，是硅基智能成立 6 年多来在 AIGC 行业深耕经验的全面总结，也是学习和了解 AIGC 行业知识的优秀读物。

最后，我希望这本书能够为你提供更多有价值的信息和启示。这本书是 2023 年不可错过的 AIGC 入门读物，是一个了解 AI 新科技的绝佳起点，将为你打开人工智能“魔盒”，让你发现更多不可思议的事情。就像硅基智能团队告诉我的，这本书是在 ChatGPT 的参与下完成的，谁又能确定这篇序言不是我用 360 集团自己开发的 GPT 写的呢？

未来任重而道远，但序幕已经拉开，让我们一起开启 AI 认知升级之旅！

周鸿祎

360 集团创始人

重塑未来——大模型时代的新机遇

ChatGPT 的问世，极大地加速了人工智能的发展。可以预见，若干年后，我们在回顾人工智能发展史时，2023 年会是个绕不开的特殊年。

而今，我有幸向大家隆重推荐一本有超多硬核干货的科技著作——《大模型时代：ChatGPT 拉开硅基文明序幕》。这本书的主创者之一司马华鹏先生，是硅基智能公司的创始人、AIGC 数字人研发的领军人物。我对他的印象很深刻。他是一个非常善于思考和总结的人，尤其是能够用简单的方式把所思所想表达出来，让对方听懂。硅基智能公司的写作团队在本书中深入剖析了大模型时代的特征，介绍了 AIGC 的起源、技术和应用，并针对现状和未来，提出了许多新的观点和思路。这对于我们把握未来的发展趋势，具有重要的指导意义。世界要你亲自去看，科技梦要你亲自去实现，而读懂 AIGC、大模型，你只需要拥有这本靠谱的书。

《大模型时代：ChatGPT 拉开硅基文明序幕》这本书，将我们的过去、现在和未来全都联系了起来，是一本关于 AIGC 从 0 到 1 的书。它描述了全球人工智能行业的发展历程和趋势，并告诉我们：AIGC 是这条拥有极大发展潜力的新赛道。

在本书中，作者介绍了人工智能的蓬勃发展及其与商业世界的交融。从 AIGC 的由来及发展历程开始，我们将一路跟随作者的笔触，通过硅之手、硅之身、硅之脑、硅之声等维度，了解人工智能在图像生成、短视频、数字人、语言模型、语音合成等领域的惊人表现。

在这个数字化的时代，AIGC 是最具潜力和发展空间的领域之一。ChatGPT 推出仅两个月，月活用户已经突破 1 亿人，创下增长最快的纪录。它的发展速度比我们想象的要快，它的变化也比我们想象的要多。我们要做的，就是跟上这个大模型时代的节奏，积极融入、拥抱这个时代，抓住机遇，努力创新。我们要了解 AIGC，应用好 AIGC 的相关工具，以便提高我们的工作和生活效率。

本书不仅介绍了人工智能的相关技术，还通过对经典商业案例的分析，向我们展示了人工智能技术在不同行业中的应用。从医疗保健到金融服务，从教育培训到智能物流，人工智能正给我们的生活带来翻天覆地的变化。我们不仅可以看到人工智能在商业领域的巨大潜力，还可以感受到人工智能给整个社会带来的巨大价值。

这本书具有极强的实践性和指导性，无论是对于从业者，还是对于普通读者，都有很大的参考价值和借鉴意义。读完这本书，我看到了中国 AIGC 的机遇、前景和未来的发展方向，可以说深受启发。愿这本书也能为你带来启迪和思考。

让我们一起探索人工智能的边界，感受商业与人工智能共赢的力量，见证人工智能的壮丽进程，并为构建一个更加智慧、创新和繁荣的未来而努力！

江南春

分众传媒创始人

由 ChatGPT 拉开的 AIGC 全球帷幕

凡是过往，皆为序章

尤瓦尔·赫拉利在《未来简史》里讲过，20 世纪，人类社会的伟大成就是克服了饥荒、瘟疫和战争。21 世纪，人类的新目标是长生、快乐与成神（取得非凡的创造力与毁灭力，从智人进化成神人）。2022 年，从年初北京冬奥会全世界其乐融融，到俄乌两国爆发一场旷日持久的战争，到美联储连续 6 次加息，再到梅西带领的阿根廷足球队第三次捧起大力神杯……2022 年，注定是不平凡的一年。2022 年最后一个月，一个突发性事件加速了大科技的发展，成为人类历史上值得记录的大事件，这就是来自 OpenAI 的 ChatGPT 使自然语言处理技术获得了极大突破。

车子一定会自己开起来

我在大学学习的专业是自动化，而人类整个工业化进程就是围绕自动化展开的。尽管这个进程充满了坎坷，然而让机器自动运转起来的梦想，激励着一代又一代的科学家和企业家。为了实现这个梦想，他们克服种种困难，勇往直前。1886 年，第一辆拥有汽油发动机的汽车在德国诞生，之后这种“不用马拉的车”便开始陆续出现在欧洲街头。当时，对于这种技术不成熟的机器，人们更多的是敬而远之，因为拥有这样一辆车，就意味着惹上没完没了的麻烦——需要用力摇动手柄启动汽车，时常爬到汽车底下修车等。当时的“汽车人”常常遭到“马车夫”的嘲笑。创业是一件针对未来达成共识的事，然而只有一小部分人能够看到并认同那个未来。

四个崛起左右人类社会发展

2007 年，当时在欧洲创业的我提出了“四个崛起”，包含中国崛起、女性崛起、比特资产崛起、硅基生命崛起。未来 50 年的人类社会发展很可能会被这四个崛起左右。第一，中国崛起。它代表着东方文明的崛起，其必将与西方文明并列发展，并与之抗衡、融合发展。如今，中国对推动世界持久和平与共同繁荣，具有十分重要的意义。第二，女性崛起。这里所说的女性，不是指狭义的生理上的女性，而是代表着孔雀开屏的“美文化”。它将打败比拼拳头大小的“暴力文化”。第三，比特资产崛起。它意味着人类资产中，原子资产（如认股权证、股息、债券等有形资产）的比重将不断下降，比特资产的比重将不断上升。这里的比特资产并不是特指比特币，而是指人类所拥有的社交关系、知识产权、算法、IP 等。它们将成为人类财富传承的新载体。第四，硅基生命崛起。它是以数据、算力、算法、电力为核心的全新生命体，将突破人类三维空间的限制，在人类社会及元宇宙中快速进化。

生命与DNA代码

DNA 的发现，让我们重新认识了生命。生命产生于 DNA 代码。生命繁殖的过程，就是一个复制加粘贴 DNA 代码的过程。如果复制出错，就是生物学上的遗传变异。

DNA 的发现，也让我们意识到这个世界其实不存在“是先有鸡还是先有蛋”的问题。蛋这种 DNA 代码借助鸡的身体，不断地复制自我。它甚至借助肯德基、麦当劳这些大型商业网络体，把自己变成了几乎是目前数量最多的小型动物。时至今日，大约有 260 亿只鸡存在于这个世界。“四海之内皆兄弟”，从 DNA 的角度来看，这句话确实有科学原理的支撑。

生命奇点已经出现

我们可以将“生命”广泛地定义为：一个可以保持其复杂性并且不断复制的过程。根据诺贝尔化学奖得主普里戈金给出的定义，生命是一个耗散结构，也就是能够远离平衡、维持负熵的系统。它由硬件和软件组成。生命按照其能力可以分为 3 个版本。生命 1.0

版本指的是已知的除人类以外的所有生物。它们只能依靠基因突变来实现进化，其速度非常缓慢。这类生命的硬件和软件都有“天花板”，若干年后就达到了上限。生命 2.0 版本指的是人类。人类能够设计自己的软件，但其硬件有天然的限制，比如寿命等。人类基因虽没太大变化，人类社会却能高速发展，这是因为人类能够通过语言和文字积累知识并将其传递给下一代。生命 3.0 版本指的是硅基生命。它们不仅能设计自己的软件，还能设计自己的硬件。人类社会的发展还会受到人类生理条件的限制，比如人的大脑运行能力有限等，而硅基生命则没有这种限制。

从碳基文明到硅基文明

丰富的碳元素是地球母亲留给我们的宝贵财富。不管是我们吃的食物，还是支撑我们生产与生活的石油、煤炭、天然气，几乎都是基于碳元素的。我们生来就是富有的，借助这些经过简单加工就能利用的资源生活了数千年乃至上万年，依靠牛顿力学、电磁学等，打造了灿烂的碳基文明。而硅元素如同漫威中的振金，是人类进入二级宇宙文明的基本要素。在其主导下的人工智能、区块链、新能源，都是人类摆脱旧约束、走向新征程的标志。在过往的几十年里，在摩尔定理的加持下，硅基生命的进化可以说日新月异。在过去的几个月里，不管是 AIGC、数字人技术，还是其他算法，都有了突飞猛进的发展，特别是 ChatGPT 的横空出世，为硅基文明带来了曙光。

你好，2023年

2022 年以来，一股 AIGC 热潮席卷全球，绘画、音乐、新闻创作、主播等诸多行业有望被重新定义。2022 年 12 月 16 日，美国《科学》杂志发布了 2022 年度科学十大突破，AIGC 赫然在列。研究机构 Gartner 预计，到 2025 年，AIGC 将占所有生成数据的 10%。更有机构预测，AIGC 有潜力产生数万亿美元的经济价值。

我们公司从 2019 年开始研发数字人，其实它就是一种拥有形象的硅基生命。当时我们的目标是让数字人参与内容创作，也就是 AIGC。我在 2021 年初时就说过，硅基生命要到量子力学的空间去大展拳脚，而 AIGC 是能够把算力、财力、电力统一起来的优秀应用场景，是 AI 少数的、优质的出口。今天看来，一切成真。

2023 年即将过去，ChatGPT 已经到来，AI 将带来无限可能。你，准备好了吗？

司马华鹏

硅基智能创始人

前言

我们站在一个美丽新世界的入口。这是一个令人兴奋的，同时充满了不确定性的世界，而你们是先行者。

——霍金

每一次技术革新带来的冲击都是令人震撼的。还记得上一次人工智能让人们惊叹的时刻，是 AlphaGo（谷歌的人工智能程序）出现的时候。之后，人们坚信人工智能一定会爆发。但究竟会在哪一天爆发，以怎样的形式爆发，人们无法预测。随着时间的流逝，人们对人工智能爆发的预期已经逐渐淡漠了。时光荏苒，转机出现在 2022 年。Stable Diffusion 模型与 ChatGPT 的横空出世，犹如惊雷炸响在人工智能领域。

2022 年 8 月，英国开源人工智能公司（Stability AI）发布了 Stable Diffusion 模型。该模型可以根据用户输入的文字描述自动生成图像，生成的效果可达到专业画师水平。AI 绘画领域的“战争”一触即发。

2022 年 11 月，美国人工智能研究实验室（OpenAI）推出了其最新作品——ChatGPT。它是一款 AI 技术驱动的自然语言处理工具，能够通过学习和理解人类的语言与人进行对话，还能根据聊天的上下文与人进行互动，像人类一样聊天交流，甚至能完成撰写邮件、视频脚本、文案、代码等任务。ChatGPT 的出现为 AIGC 这股热火又添了一把新柴。

AI 绘画与自然语言处理都属于人工智能领域的 AIGC 范畴。AIGC 是“Artificial Intelligence Generated Content”的缩写，即人工智能生成内容。它包含了利用人工智能生成内容的所有技术。AIGC 被认为是继 PGC（Professionally Generated Content，专业生成内容）和 UGC（User Generated Content，用户生成内容）之后的新型内容生产方式。AIGC 在 2022 年取得了惊人的进步，特别是由 ChatGPT 掀起的蝴蝶效应，引发了 AIGC 的颠覆性变革。我们认为这是以下多种因素综合导致的：

第一，互联网的不断发展使信息量呈现爆炸式增长，社交媒体的崛起极大地挑战着传统的内容创作方式。越来越多的内容创作者意识到，通过 AIGC 的方式来提高工作效率已经是大势所趋。

第二，在短视频行业中，内容创作者因效率、成本等问题，无法充分满足用户娱乐及消费的需求。他们渴望生产出大量优质的视频，以便为用户带来更多的乐趣或者知识。

第三，在现代商业模式中，驱动力是产品本身及流量。以短视频为例，优秀的内容创作者可以吸引更多的流量，为用户提供更好的互动体验，从而实现盈利。

第四，AI 技术一直致力于解放人的生产力，因此，人们渴望将 AI 技术与内容创作相结合。过去，尽管 AI 技术在生成内容上有所进步，但无法完全解决内容创作者创作效率低等问题。为了突破技术瓶颈，满足各行各业大量生成内容的需求，大量资本涌入内容生成行业。随着算力的提高和人力资源的增加，AI 技术在生成内容方面取得了革命性的进步，为内容创作者提高效率和进行商业化落地提供了巨大机遇。

AIGC 展现了两方面的优势：一方面，它可以快速生成大量高质量的内容，有效地提升内容创作的效率；另一方面，它可以生成富有创造性的内容，为艺术家们提供灵感。在这一背景下，众多从业者纷纷表示：AIGC 将是 AI 的下一波浪潮。以前，AI 更多应用在分析、识别领域，而 AIGC 实现了重大突破，它让 AI 有创造内容的能力，是对 AI 进行的一次全新的革命，将创造巨大的经济效益。通俗地说，AI 开始具备联想及创作等能力，进一步拟人化。2023 年，AI 从学术研究逐渐走向产业化，其与商业的融合形成互为支点的发展格局，进入产业规模商用期。AI 技术将不断地对 AI 数字商业的各个领域进行渗透。量子位预测，AIGC 将在 2~5 年内实现规模化应用，2030 年 AIGC 市场规模有望超过万亿元。AIGC 将促进资产服务快速跟进，通过对生成内容合规评估、资产管理、产权保护、交易服务等，构成完整生态链，并进行价值重塑，充分释放其商业潜力。根据《中国 AI 数字商业产业展望 2021—2025》中的数据可知，到 2025 年，中国生成式 AI 商业应用规模可达 2070 亿元。

在 AI 发展的历程中，让机器学会创作一直难以被攻克。“创造力”也因此被视为人类与机器最本质的区别之一。然而，随着深度学习模型的不断完善、开源模式的广泛应用，以及大模型商业化的可能性加大，AIGC 会把人类的创造力赋予机器，从而将世界带入智能创作的新时代。

如果把人看作以碳元素为基础的生命和系统，那么在地球上，人类繁衍生息和发展出来的文明可被称为“碳基文明”。随着 AIGC 的快速发展，人类科技的进步趋向于更多地依赖以硅元素为基础的硅材料。电子芯片是现代计算机、智能手机、平板电脑和其他电子设备的核心组成部分。硅材料是制造电子芯片的关键原料之一。硅材料的半导体性能使得它非常适合用于制造集成电路，实现数据存储、处理和传输功能。硅材料的优越性质，还让它在光学、可再生能源、化工等多个领域具备广泛的应用潜力。因此，这些以硅元素为基础发展出来的文明可被称为“硅基文明”。在硅基文明中，人们可能会进一步发展和应用硅基智能技术。这可能包括更先进的计算机系统、更强大的机器学习能力，以及更智能化的机器人和自动化系统。硅基文明还可能推动光学通信、可再生能源技术和化学工程等领域的进步，以更高效、可持续的方式满足社会需求。

在这个时代高速发展的当口，及时准确地给科技工作者及社会大众介绍和普及 AIGC 技术，就显得非常重要。本书结合有趣的案例与深入浅出的技术讲解，向关注未来科技的从业者、创业者、投资人，以及其他从事与 AIGC 相关的工作者介绍 AIGC 的底层技术、行业应用案例及商业落地场景，让大家都能够享受技术进步带来的红利，并在各自岗位上取得更多、更好的成绩。

目录

第1章 AIGC的由来及发展历程

第2章 硅之手——图像视频生成

第 3 章 硅之身——短视频、数字人时代

第 4 章 硅之脑——大语言模型时代

第 5 章 硅之声——语音合成、克隆与变换

第6章 底层核心技术

第7章 经典商业案例

第 8 章
AIGC 的风险与展望

目录

第 1 章

AIGC 的由来及发展历程

不管时代的潮流和社会的风尚怎样，人总可以凭着高贵的品质，超脱时代和社会，走自己正确的道路。

——爱因斯坦

人工智能的发展进入了全新阶段。人工智能，特别是基于深度学习和强化学习的人工智能技术，为现代工业和服务业带来了前所未有的机遇。人工智能技术中，一个引人注目的领域就是人工智能生成内容（AIGC）。本章将回顾人工智能发展的历程，简单介绍AIGC的概念、发展历程、核心技术、应用等内容，以帮助读者初步了解AIGC技术的现状和未来发展趋势。

1.1 人工智能发展的历程

人工智能的发展可以追溯到20世纪五六十年代。早期的人工智能研究主要集中在逻辑和符号推理方面。

1950年，著名的图灵测试诞生。按照“人工智能之父”艾伦·图灵（见图1-1）的定义，如果一台机器能够与人类展开对话而不能被辨别出其机器身份，那么称这台机器具有智能。

1956年，在达特茅斯会议上，科学家们探讨用机器模拟人类智能等问题，并首次提出了人工智能（AI）这一术语。至此，AI的名称和任务得以确定，同时AI有了最初的成就和最早的一批研究者。这次会议的成功召开，标志着人工智能的诞生。

图 1-1　艾伦·图灵

人工智能可以被理解为一种能够执行一些通常需要人类智力才能完成的任务的智能系统。这些任务可以是语言理解、图像识别、语音识别、自然语言处理等。

1966 年，麻省理工学院（MIT）人工智能实验室的计算机科学家约瑟夫·维森鲍姆受到心理学家卡尔·罗杰斯的非指导性谈话技术的启发，设计开发了第一款成功模仿人类语言对话的计算机程序——ELIZA。它使用一种基于模式匹配的技术来模拟对话（见图 1-2）。它的成功鼓舞了许多后来的研究者，推动了对话系统技术的进一步发展。

随后，人工智能在发展中经历了多次低谷与繁荣。低谷乏善可陈，我们简述几个代表繁荣的标志性事件。

1997 年 5 月 11 日，IBM 公司的电脑“深蓝”战胜国际象棋世界冠军卡斯帕罗夫，成为首个在标准比赛时限内击败国际象棋世界冠军的电脑系统（见图 1-3）。

2011 年，沃森（Watson）作为 IBM 公司开发的使用自然语言回答问题的人工智能程序参加美国智力问答节目，打败两位人类冠军，赢得了 100 万美元的奖金。

```
  Welcome to
                    EEEEEE  LL      IIII   ZZZZZZ   AAAAA
                    EE      LL       II       ZZ   AA   AA
                    EEEEE   LL       II     ZZZ    AAAAAAA
                    EE      LL       II    ZZ      AA   AA
                    EEEEEE  LLLLLL  IIII ZZZZZZ    AA   AA

  Eliza is a mock Rogerian psychotherapist.
  The original program was described by Joseph Weizenbaum in 1966.
  This implementation by Norbert Landsteiner 2005.


ELIZA: Is something troubling you ?
YOU:   Men are all alike.
ELIZA: What is the connection, do you suppose ?
YOU:   They're always bugging us about something or other.
ELIZA: Can you think of a specific example ?
YOU:   Well, my boyfriend made me come here.
ELIZA: Is it important to you that your boyfriend made you come here ?
YOU:   He says I'm depressed much of the time.
ELIZA: I am sorry to hear that you are depressed.
YOU:   It's true. I am unhappy.
ELIZA: Can you explain what made you unhappy ?
YOU:
```

图 1-2　在模拟对话中的 ELIZA

图 1-3　“深蓝”战胜卡斯帕罗夫

2016 年 3 月 15 日，谷歌的人工智能程序 AlphaGo 在与围棋世界冠军李世石的人机大战中取得了最后一场胜利（见图 1-4）。经过长达 5 小时的激烈角逐，在人机大战第五场中，AlphaGo 以总比分 4 比 1 击败李世石。李世石最终认输结束了比赛。这次历史性的人机对决引起了全世界对人工智能技术的广泛关注，推动了整个人工智能市场的发展，引爆了新一轮的研发热潮。

图 1-4　AlphaGo 与李世石对决

2018 年，英伟达发布了 StyleGAN 模型。该模型具备自动生成图像的能力。如今，英伟达已经推出了第四代模型 StyleGAN-XL。该模型可以生成高分辨率的图像，以至于人眼难以区分真伪。

2022 年 12 月，OpenAI 发布了对话式 AI 新模型 ChatGPT（见图 1-5）。它一经面世，就引发科技界的巨大关注。人工智能风潮再起。

图 1–5 ChatGPT

在算法领域，20 世纪 80 年代，机器学习（Machine Learning，ML）作为一种新的人工智能方法出现。

机器学习是指让计算机从数据中学习，并能够自主地改善其性能的方法。其基本思想是通过对大量数据的学习，自动地发现数据中的规律和模式，从而进行预测或决策。机器学习算法通常会利用一些数学和统计学的方法来发现这些规律和模式。这些方法包括线性回归、决策树、聚类分析、神经网络、支持向量机，等等。

在机器学习的基础上，深度学习（Deep Learning，DL）和强化学习（Reinforcement Learning，RL ）等新的技术不断涌现。深度学习是一种基于深度神经网络的算法，通过多层神经元的组合，对大量的数据进行学习和提取特征，并最终完成识别、分类、预测等任务。与传统的机器学习算法相比，深度学习模型具有更强的泛化能力和适应性，能够对数据进行端到端的学习和处理，无须人们手动提取特征。同时，深度学习模型中的参数数量非常庞大，需要大量的数据和计算资源，因此，它需要依赖高性能计算平台和分布式计算技术来加速模型的训练和优化。2006 年，深度学习取得重大突破之后，图形处理器（GPU）、张量处理器（TPU）、现场可编程门阵列（FPGA）、异构计算芯片以及云计算硬件设备等不断取得突破性进展，为人工智能提供了足够的算力，可以支持复杂算法的运行。大数据的持续积累，给人工智能的发展提供了规模空前的训练数据。

强化学习则是一种基于智能体和环境的交互，通过学习最优策略来最大化长期收益的方法。在强化学习中，智能体通过与环境的交互来学习。环境会对智能体的行动进行评价并反馈奖励或惩罚信息。强化学习的目标是使智能体找到一种最优的策略，使得它在与环境的交互中获得最大的奖励。

随着深度学习和强化学习技术的不断发展，人工智能在许多领域得到了广泛应用，比如计算机视觉、自然语言处理、语音合成等。

计算机视觉是指计算机通过对图像或视频进行处理和分析来获取对场景的理解。深度学习技术在计算机视觉中的应用包括图像分类、物体检测、人脸识别、图像分割等。

自然语言处理是指让计算机能够理解和处理自然语言。深度学习技术在自然语言处理中的应用包括建立语言模型、命名实体识别、文本分类、机器翻译等。强化学习技术则主要应用于智能控制领域，比如机器人控制、游戏 AI 等。

语音合成是将文本转换成语音的过程。它通常包括文本处理、语音波形生成、语音后处理等多个步骤，其目的是将文本转化为语音，使计算机能够像人一样说话。语音合成技术广泛应用于电子书、语音导航、智能家居、智能客服等领域。目前的语音合成技术已经能够支持多语种和方言，且合成的语音具备较高的准确性和自然度。随着人工智能技术的不断进步，语音合成技术将会在更多领域得到应用，比如智能医疗、智能制造、智能交通等。

人工智能的发展给人们的生活带来便利的同时，也让人们面临着许多挑战和风险，比如数据隐私、算法偏见、安全问题等。因此，人工智能的研发需要更加关注安全、隐私、伦理等方面的问题，以提高人工智能系统的透明度和可解释性。

1.2 什么是 AIGC

对 AIGC 还没形成统一的定义。如果将其直译成中文，就是使用人工智能自动生成内容。狭义地讲，AIGC 囊括了所有使用人工智能技术生成内容的方法；宽泛地说，AIGC 已经具有从感知世界到创造世界的能力。

AIGC 代表了人工智能技术发展的新趋势。新一代的 AIGC 模型已经可以支持多种不同的数据格式，包括文本、语音、代码、图像、视频、机器人动作等。AIGC 是一种新型的内容创作方式，被认为是继 PGC 和 UGC 之后的下一代创作方式。通过充分发挥技术的优势，AIGC 可以在创意、表现力、迭代、传播、个性化等方面实现突破。AIGC 技术可以通过自动化生成内容，大幅提高生产效率和质量，它的广泛应用将为各行各业带来更多的机遇。可以说，AIGC 正在成为人工智能领域的新商业引爆点。

按照模态区分，AIGC 可分为音频生成、文本生成、图像生成、视频生成以及图像、视频、文本间的跨模态生成等。

从互联网发展的历史来看，互联网内容的生产方式经历了从 PGC、UGC 到 AIGC 的演变。PGC 是由专业人员生产的内容，比如 Web1.0 和广播电视行业中的文字和视频等，其特点是专业、内容质量有保障；UGC 是由用户自主上传的内容，伴随 Web2.0 的概念而出现，其特点是内容来源广泛，具有多样性；AIGC 则是由人工智能生成的内容，具有自动化生产和高效的特点。AIGC 将极大地推动元宇宙的发展。元宇宙中的大量数字原生内容需要由人工智能来完成创作，因此 AIGC 将成为元宇宙发展的一个重要推动力。从 Web1.0 时代的单向信息传递的“只读”模式，到 Web2.0 时代的人与人通过网络双向沟通交流的“交互”模式，内容需求不断增加。为了满足这种需求，并且受互联网的发展影响，内容的生成已从单一的 PGC 演变为 UGC，并占据主要市场份额。比如，Youtube、Instagram、抖音、快手、B 站上有大量的内容来自 UGC。但是，随着我们进入 Web3.0 时代，人工智能、关联数据和语义网络的建立，形成了人与机器网络的全面连接，这使得内容消费需求迅速增长。AIGC 将辅助 PGC 和 UGC 这两种内容生成方式，以满足互联网快速发展的需求。

1.3 AIGC 的发展历程

AIGC 的发展可以大致分为三个阶段：早期阶段、中期阶段和快速发展阶段。

早期阶段，即 20 世纪 50 年代到 90 年代中期。早期的 AIGC 技术主要是基于规则和模板的方法，也称为“传统的生成方法”。然而，这种方法在生成长篇文章和复杂图像等方面存在局限性。受限于当时的科技水平，AIGC 仅限于小范围实验。

中期阶段，即 20 世纪 90 年代中期到 21 世纪 10 年代中期。AIGC 从实验向实用转变，但受算法的限制，这时的 AIGC 仍然无法直接进行内容生成。

快速发展阶段，即 21 世纪 10 年代中期到现在。随着深度学习技术的发展，AIGC 技术得到了极大的发展。深度学习算法不断迭代，AI 生成的内容种类丰富且效果逼真，AIGC 进入了快速发展阶段。

以文本生成领域为例。2015 年，谷歌推出了一种基于深度学习的文本生成模型——循环神经网络。循环神经网络可以通过学习数据集中的文本，生成与输入文本相似的新文本。这种技术已经被广泛应用于生成各种类型的文本，包括新闻报道、小说、对话和诗歌等。

最近几年，随着算力的增强、数据的积累，再加上核心算法的突破，AIGC 终于完成了从量变到质变的提升，在 2022 年底实现了 AIGC 商业应用规模的指数级增长。因此，2022 年也被称为“AIGC 元年”。

AIGC 作为一个前沿概念，随着开源社区开放力度的加大，实现了从概念到产品的落地。从底层逻辑来看，模型生成的内容的效果和精度都达到了普通消费者的要求，通过了图灵测试。创投圈闻风而动，因为他们看到了可商用的价值。无论是 Stable Diffusion 模型，还是 ChatGPT，都得到了用户的认可，开发公司也获得了大额融资：Stability AI 融资后的估值约为 10 亿美元，OpenAI 的估值已经超过 200 亿美元。

随着 2023 年 GPT-4 等各种新的 AIGC 模型的推出，各个“大厂”及许多中小型创业公司将投身其中，探索与各类应用相结合的商业模式落地。

1.4 AIGC 涉及的技术

AIGC 涉及的技术主要包括自然语言处理、计算机视觉、语音合成等领域的人工智能技术。这里只做简单介绍，我们将在后面章节进行详细说明。

1. 自然语言处理技术

自然语言处理技术是指计算机对人类语言进行理解和处理的技

术。AIGC 技术中最为重要的就是自然语言处理技术。它涉及自然语言的分词、词性标注、句法分析、语义分析、语音识别等方面的技术。

2. 计算机视觉技术

计算机视觉技术是指利用计算机和数学算法来对数字图像和视频进行处理和分析的技术。在 AIGC 技术中，计算机视觉技术可被用于生成图像和视频，比如利用生成对抗网络（Generative Adversarial Network，GAN）生成图像，利用深度学习技术生成视频等。

3. 语音合成技术

语音合成技术，又称文语转换（Text to Speech，TTS）技术。它能将任意文字信息实时转化为标准流畅的语音朗读出来，相当于给机器装上了人工嘴巴。语音合成可以在任何时候将任意文本转换成具有高自然度的语音，从而真正实现让机器“像人一样开口说话”。比如，语音助手、智能音箱、电话机器人等产品都在使用语音合成技术。

1.5 AIGC 技术的优点

AIGC 技术具有许多优点，主要包括以下三个方面。

1. 提高生产效率

AIGC 技术可以自动化生成内容，提高生产效率，减少工作量和成本。

2. 生成高质量内容

AIGC 技术可以生成高质量的内容，包括文本、图像、视频等，与人类创作的内容相当，同时具有较高的创造性和想象力。

3. 应用性广

AIGC 技术可以应用于各个行业，包括新闻、广告、娱乐、医疗、教育等，具有广阔的应用前景。

1.6 AIGC 技术的应用

AIGC 技术可以在许多领域得到广泛应用，包括新闻报道、广告宣传、文学创作、艺术创作、自动化翻译等。

- 在新闻报道领域，AIGC技术可以帮助新闻机构快速生成新闻稿件，同时提高新闻稿件内容的质量。
- 在广告宣传领域，AIGC技术可以通过生成广告语、图像、视频等方式，帮助企业快速发布广告内容，提高广告投放效率。
- 在文学创作和艺术创作领域，AIGC技术可以生成新的小说、诗歌、绘画和音乐等作品，推动文学创作和艺术创作的发展。
- 在自动化翻译领域，AIGC技术可以帮助翻译公司快速翻译文本内容，并提高翻译质量和效率，同时可以帮助人们更好地了解不同语言和文化。

第 2 章
硅之手——图像视频生成

披图觇宏规，技巧诚足称。

——林朝崧

2022年8月底，一幅名为《太空歌剧院》的作品获得了美国科罗拉多州博览会的年度艺术竞赛数字绘画类的第一名（见图2-1）。虽然该奖奖金仅300美元，但在业界引起了热议，因为这是人工智能生成的作品首次获得该奖项。作者使用一段包含“太空歌剧院”的文本生成了这张有宇宙史诗感的图片。人们的争议在于AI作品是否能够获奖、AI生成的内容是否存在版权问题。但无法否认的是，仅从作品本身来看，获奖代表了AI在图像生成方面的巨大进步。自2018年用于生成图像的生成对抗网络（GAN）出现以来［典型作品是法国艺术创作团队Obvious于2018年使用GAN生成的虚构人物埃德蒙·贝拉米的肖像画（见图2-2），由佳士得拍卖，成交价为43万美元］，到2022年基于扩散模型的DALL·E2、Stable Diffusion、Imagen等模型问世，AI终于可以生成与人类画师相比较的作品，而且是在人类高度可控的文本指令下生成的。

该奖项的两位评委不知道该作品有人工智能参与，但他们事后坚持说，即使之前知道，也会授予该作品最高奖项。评委之一Dagny McKinley表示，可以看出，“Allen有一个概念和一个愿景，他把它变成了现实。这真是一件美妙的作品”。这也正是作者Jason M. Allen对AI工具的看法，“人工智能是一种工具，就像画笔是一种工

图 2-1 《太空歌剧院》——Jason M. Allen 和 Midjourney（2022 年）

图 2-2 《埃德蒙·贝拉米的肖像画》——Obvious 和 GAN（2018 年）

具，但工具背后还需要一种创造力”。Allen是一名游戏设计师，不算专业的绘画人士，却可以通过文本生成图像（以下简称“文生图”）AI工具（MidJourney）生成如此让人惊叹的作品。他在工作中也经常委托原画师进行绘画。对于AI工具，他认为AI工具制作的图像逼真程度很高，而且“不管自己输入什么，它似乎都能做到”。“可控”正是今天文生图模型的特点之一。

Allen 是个非专业绘画人士。他认为 AIGC 可以帮助他发挥创造力，使其作品的水平达到以往难以企及的高度。即使是行业内的人士，也认为 AIGC 技术会对自己的创作大有裨益。2023 年 1 月，奈飞公司（Netflix）上线了全球首支 AIGC 技术辅助商业化发行级别的动画片《犬与少年》。对于 AIGC 在作品制作中起到的作用，制作者们都认为 AIGC 可以帮助专业人士节省更多的时间用于创造性、根本性的工作。摄影监督田中宏侍认为，人类创作者往往会同时进行多部作品的创作，很难在一部作品里倾尽所有精力，因此，如何给创作者更多时间进行创造性工作是值得思考的问题。动画片导演牧原亮太郎也赞同“让最新技术成为自己的伙伴，就能确保创作者有足够的时间回归到他需要做的根本性、创造性工作”。

可见，无论是菜鸟还是专家，都能将 AIGC 作为工具，让其起到辅助作用。内容可控、生成快速、变化多端是生成模型的三个特点。比如，生成一张图片只需要 1~2 秒钟，同样的文本可以产生大量独特的图像等。庞大的数据规模使得各种概念、知名艺术家的风格都能够被模型习得，无论什么样的输入都可以被模型轻松应对。下面将介绍一些案例，向人们展示如何使用文本甚至通过手绘来控制文生图模型，并在图像生成、视频生成、3D 模型等方向使用 AIGC 发挥自己的创造力。

2.1 图像生成方向

在小学语文的看图写话练习中，我们需要用一段话描述图片中的事物。最终，我们可以得到一张图片和与其相匹配的文本，这就是一个图片文本对。大量的图片文本对数据可以帮助我们训练一个能实现文本生成图像的模型。互联网中存在大量的这种图片文本对，最常见的是图片与其标题。有了大量的数据，我们就可以让模型学会如何根据文本生成图像。数据越多，模型对输入文本的响应越好，生成的图像质量越高。Stable Diffusion 就是一个建立在包含 58.5 亿个图片文本对的数据集基础上的模型。

有了文生图模型，我们就可以使用文本生成相应的图像。这个文本就是提示词（Prompt）。它需要我们准确描述图像中包含的内容，才能生成我们想要的图像。提示词一般由描述内容和描述风格的语句相连而成，比如“穿着宇航服的小棕熊，在火星上，电影光照”。其中，“穿着宇航服的小棕熊”“在火星上”就是图像的内容，而“电影光照”就是图像的风格。准确的内容描述配合相应的风格能使我们获得更好的生成效果（见图 2-3）。

图 2-3　Stable Diffusion 模型生成的图像

掌握了提示词的书写规则，我们既可以为了完成特定任务生成相应的图像，又可以发挥想象力尝试生成脑海中画面。无论是符合逻辑的画面，还是“熊宇航员”的离奇组合，抑或是照片风格或者艺术佳作、干净简洁的软件图标、细节繁杂的幻想世界，文生图模型都能应对自如。下面我们将探索文本生成图像在不同场景中的应用。

2.1.1　发挥创造力

最简单的应用就是让著名的艺术家们为你创造画作。无论是将其作为文章配图还是打印出来挂在墙上，你都能体会到艺术的魅力。而且，这与批量制品不同。“艺术家们”将根据你的文本进行创作，生成的是你独享的画作。文生图模型最大的特点就是能将风马牛不相及的概念放到一起，产生令人印象深刻的图像（见图 2-4、图 2-5）。

图 2-4　约翰内斯·维米尔风格的托马斯小火车

图 2-5　凡·高风格的拿手机的大猩猩

当你脑海中有清晰的画面时，你可以使用文生图模型将它变成现实。这在 PPT 配图、博文配图、朋友圈配图等场合很有用。微软已经宣布会将 DALL•E 模型同 Office 365 相结合。试想一下，你在做一个有关烹饪技巧的 PPT 时，以前你需要去找对应的模板，现在你只需要使用文生图模型创建一些诱人的美食图像。相比模板，它们不但更符合你的烹饪流派和整体色调，而且避免了千篇一律，无疑可以增加你演讲的感染力（见图 2-6）。

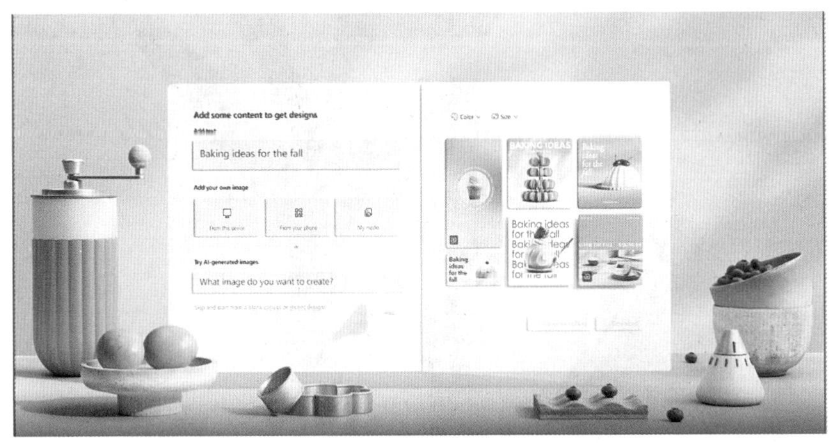

图 2-6　微软展示的文生图界面

同理，你也可以像推特用户 Miguel Guerrero 那样，为他的播客节目制作吸引人且符合主题内容的播客封面（见图 2-7）。

图 2-7　主题为“在马德里骑行”的播客封面

文生图模型会为一些行业带来改变。比如，为小说制作插图可以帮助作者传递信息，以走进读者的心中。雇用画师制作插图的成本很高，但使用文生图模型，可以大幅增加插图在小说中出现的频次（见图 2-8）。

图 2-8　使用文生图模型生成的巫师小屋

当你需要生成大量类似的图像时，文生图模型相比传统的工具更为出色。比如，你可以在设计游戏时使用文生图模型生成那些不重要的角色、背景。它能帮助你节省大量时间以投入创作中去，而且其变化更丰富（见图 2-9）。

图 2-9　使用文生图模型生成的不重复的游戏背景

2.1.2　激发灵感

AIGC 不仅可以帮助你在创作中节省大量时间，还可以对你的创作过程起到激发作用。想想看，从海量的数据中诞生的文生图模型，包含着无数的艺术家及其艺术作品。当你缺乏灵感时，可以生成对应类别的内容看一看，挑选优异的作品，并用自身的技能完善它。

1. 游戏角色设计

文生图模型能生成大量带有精致妆容和精美服饰的游戏角色，可以激发游戏设计师的灵感。在游戏渲染引擎的助力下，文生图模型甚至可以赋予游戏角色丰富的表情和多样的动作，从方方面面完善游戏角色设计（见图 2-10）。

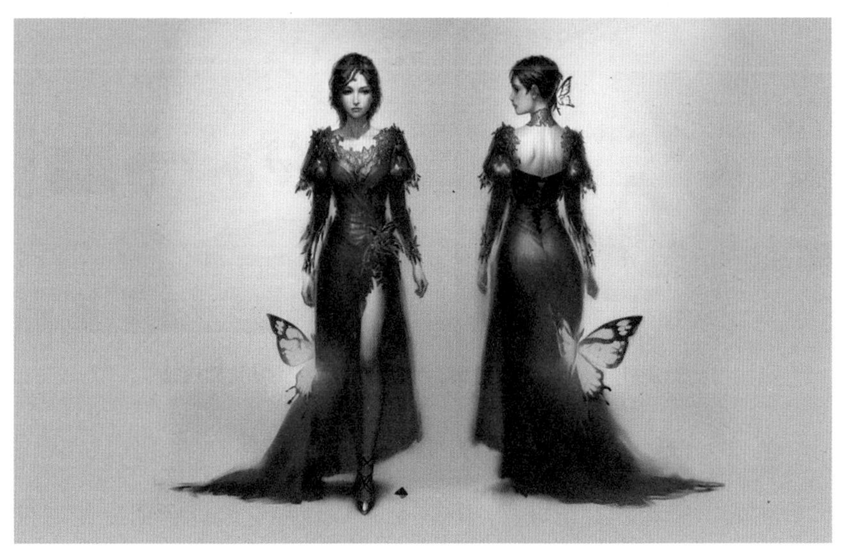

图 2-10　使用文生图模型生成的游戏角色

2. 汽车设计

汽车作为设计的一大类别，不管是真实存在的车型，还是未来的概念车型，文生图模型都可以为你生成（见图 2-11）。

图 2-11　使用文生图模型生成的概念车型及其内饰

3. 室内设计

古典、简约，甚至电影名称，你可以使用这些提示词让文生图模型为你生成各种风格的室内设计图。文生图模型甚至可以配合窗外景色和光照，给你更真实的观感（见图 2-12）。

图 2-12　使用文生图模型生成的《指环王》风格的室内设计图

4. 建筑设计

每位建筑师都有自己的设计风格，你可以输入他们的名字，看看那些建筑大师会设计出什么样的作品（见图 2-13）。

图 2-13　使用文生图模型生成的有理查德·迈耶风格的剧院

5. 网页设计

文生图模型能解析你输入的每个文字。在进行网页设计时，你可以先用文字描述你的目的，再描述页面带给人的感受，然后你将看到文生图模型生成的附带感情色彩的网页设计图（见图 2-14）。

图 2-14　使用文生图模型生成的网页设计图

2.1.3　可控创作

有时你可能觉得生成的图像比想象中的还差一点，比如角色要能双手交叉就好了，冰箱要能摆在桌子旁边就好了。文生图模型可以接收到你的指令。你可以以图像的形式，比如你手画的草图，让生成的图像在你的控制之下。如果你画的不是草图，而是一张精美的素描，文生图模型也可以帮你快速上色，而且风格更加多变。下面你将看到这些可控创作在现实中的用处。

1. 简笔画生成图像

如果你像我一样是绘画技能一般的人，我们的最大能力可能就是画上简单的几笔。但幸运的是，文生图模型能够理解我们的意图，并补全我们的画作（见图 2-15）。

2. 色块指引

如果你还想控制生成的图像的颜色，可以为初始图像上色（见图 2-16）。

如果你是资深画手，那么文生图模型可以根据你画的线稿图加快你的创作速度，比如给漫画上色（见图 2-17），为你节省大量的后期制作时间。不论是动画风还是油画风，你都可以交给文生图模型。

图 2-15　文生图模型使用简笔画和文本描述生成图像

图 2-16　Stable Diffusion 官方的色块指引示例

卡通线描图　　“一个女孩，杰作，最佳质量，超详细，插图”

图 2-17　使用文生图模型给漫画上色

3. 线条生成场景

你只要用简单的线条，就可以生成想象中的场景，这无疑减少了巨大的工作量（见图 2-18）。试想一下，一位顾客想要重新装修房子，但不知道选择什么装修风格。你用简单的线条将顾客的房型画下来，并使用文生图模型生成不同的装修风格让顾客挑选，无疑比直接让顾客看样例更有吸引力。

图 2-18 文生图模型使用线条图生成场景

4. 自动获得线条

如果你很难画出这些线条，那么其他人工智能模型可以帮你完成这一过程。你只需要拿一张图片，或者照一张照片，就可以使用文生图模型生成图像（见图 2-19）。

图 2-19　文生图模型使用 Canny 边缘检测算法生成图像

5. 使用语义分割进行控制

有时候线条并不能保证图像按照你的初始意图生成，比如同样是长方形的冰箱，可能被生成洗衣机。而语义分割能帮助你生成更精准的图像。

语义分割包含你对图像的每个区域标识的具体信息，比如在下面这张文生图模型使用语义分割生成的图像中，棕色的是房子，红色的是背景，蓝色的是天空，浅绿色的是草坪，深绿色的是灌木，灰色的是围墙等（见图 2-20）。使用语义分割可以让你的生成结果不偏离目标。你可以用手画分割图，也可以直接使用其他人工智能模型提取图像信息，并生成相同架构的图像。

图 2-20　文生图模型使用语义分割生成图像

6. 姿态图生成人物

如果想让生成的人物双手交叉，你可以通过绘画来实现。除此之外，你还有更简单的方式，就是让文生图模型使用姿态图生成人物。姿态图也同前文提到的线条和分割图一样，可以交给其他人工智能模型来完成（见图 2-21）。

图 2-21　文生图模型使用姿态图生成人物

7. 使用深度信息进行控制

深度信息是指图像中物体与镜头远近的信息。图 2-22、图 2-23 中的黑白图像就是深度信息，越白越靠近镜头，越黑越远离镜头。图 2-22 中的人脸区域是距离镜头较近的，背景区域相距镜头较远。文生图模型可以使用深度信息保持物体的轮廓不变，你可以借此生成类似的内容。当然，你可以使用其他人工智能模型提取深度信息。

图 2-22　Stable Diffusion 模型生成图像示例

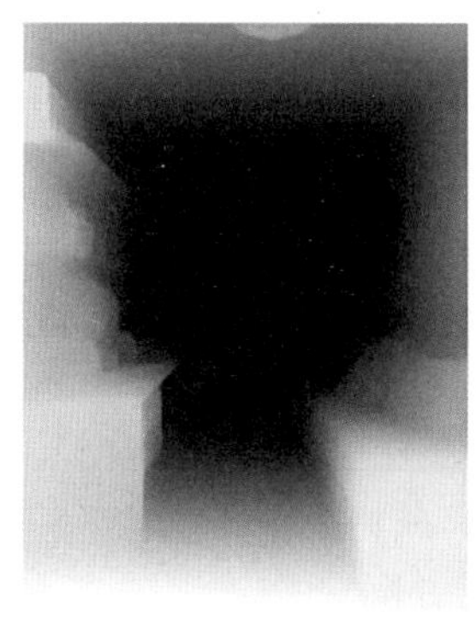

图 2-23　文生图模型使用深度信息生成室内场景

8. 使用法线贴图进行控制

法线贴图包含物体凹凸表面的信息，文生图模型使用法线贴图可以呈现更多的细节（见图 2-24）。当然，你可以将提取工作交给其他人工智能模型。

图 2-24　文生图模型使用法线贴图生成室内场景

9. 使用 3D 模型创造控制数据

正如前文所述，你可以通过手绘线条或者直接使用现有的图像来提取控制信息。这里再为你介绍一种方法，就是从 3D 引擎中先简单构造初始模型，再获取线条或者姿态，生成 2D 图像。这可能在未来成为一种主要创作方式，即从简单的无风格 3D 模型出发，调整角度和姿态，再根据不同的文本生成特定风格的图像（见图 2-25）。3D 建模一次可以生成多种风格的 2D 图像。

图 2-25　使用 3D 模型生成 2D 图像

2.1.4　编辑图像

文生图模型不仅可以生成前所未有的图像，可以在你输入模型的图像基础上生成新内容，还可以在原图像上进行修改，而且新修改的部分与原图像融合得很好。这对你的日常工作可能很有帮助。

1. 图像外扩

当你手中的图像不满足需要时，你只要将图像输入模型，模型就会在空白部分生成新内容。新生成的内容会与原内容完美融合，而且画风、语义都保持不变（见图 2-26）。

图 2-26　图像外扩示例

2. 物体消除

文生图模型可以在图像内部进行某物体的消除，而且消除某物体后的图像会和图像原本的环境相融合。它也可以根据图像的一部分信息填充图像中缺失的内容（见图 2-27）。

图 2-27　物体消除示例

3. 图像融合

一个完整的图像可能包含人物、建筑、背景等。借助文生图模型能够将图像完美融合的特性，你可以将已有的素材融合在一起，快速创作出一幅细节丰富的作品。当然，你也可以使用其他人工智能模型分别生成一个个素材（见图 2-28）。

图 2-28　图像融合示例

4. 图像编辑

你可以在 Photoshop 中将模特的衣服圈出来，然后使用文生图模型为其生成不同的服饰。新生成的部分可以与原有部分完美融合。文生图模型可以根据给定的图像，将原图中需要编辑的区域修改为给定图像的风格（见图 2-29）。

图 2-29　根据给定图像修改原图像相关区域的风格

5. 图像风格化

有时，你可能要对整个图像进行修改，而不是局部某个部分，比如让图像中的季节变为冬季，让图像具有某种绘画风格等。这类任务也可以由文生图模型完成。你只要将原图像同文本（提示词）输入模型即可，比如“猫变狗”“移除东西”“秋季变冬季”等（见图 2-30）。

图 2-30　根据给定文本修改原图像的内容或风格

你也可以不使用文本，直接使用不同风格的图像作为输入的内容，将艺术风格融入图像。比如，根据给定的图像，将原图像的风格转换为给定图像的风格（见图 2-31）。

图 2-31　根据给定图像修改原图像的风格

你可以用这个功能将你的生活照动漫化，或者借助某知名艺术家的艺术风格重绘你的照片（见图 2-32）。

图 2-32　使用文生图模型修改生活照的风格

6. 图像超分

文生图模型具有强大的生成能力，对于毛发级别的超分也能轻松应对（见图 2-33）。

图 2-33　毛发级别的超分示例

7. 编辑 3D 模型属性

在 3D 领域，文生图模型也拥有强大的编辑能力。你可以通过文本控制文生图模型生成不同的 3D 模型贴图（见图 2-34），也可以通过文本控制文生图模型为现有 3D 模型添加新组件（见图 2-35）。

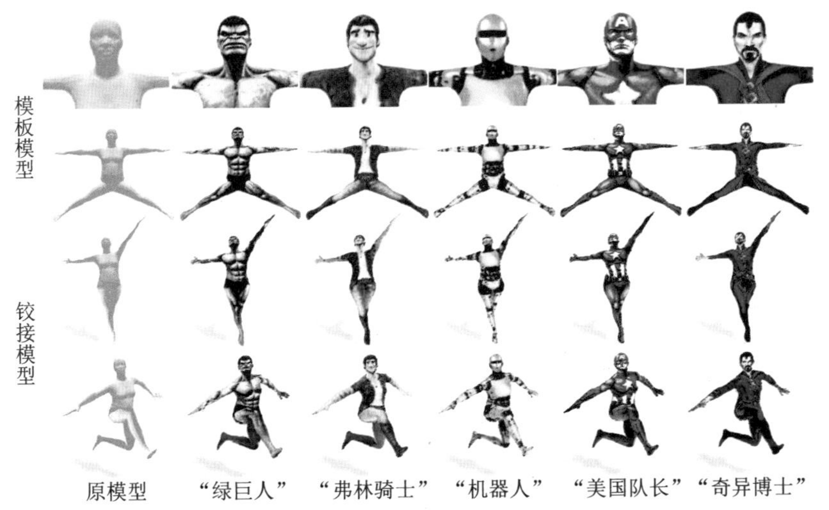

图 2-34　通过文本控制文生图模型生成不同的 3D 模型贴图

图 2-35 通过文本控制文生图模型为现有 3D 模型添加新组件

2.1.5 微调模型

从上节的图中我们可以看到，文生图模型能够从图像中提取内容做风格变换。当你有很多图像时，你甚至能微调、训练自己的模型。你只需要少量资源就可以让文生图模型的生成结果与你的数据保持更强的一致性，这对特定产品的生成及特定人物的生成很有效。

1. 人物定制、百变头像

当你有很多特定人物的照片时，你可以在已有的文生图模型的基础上训练这个人物的专有模型。专有模型可以让这个人物穿不同的衣服、摆不同的姿势，成为各种画作中的主角（见图 2-36）。

图 2-36 文生图模型生成的人物

专有模型能够突破时空的限制，结合我们公司的百变头像产品，可以为用户制作肖像画，呈现不同时代画家的艺术风格（见图 2-37）。

图 2-37 硅基智能公司的百变头像产品

2. 产品摄影

当你为产品拍摄宣传图时，你可能没有必要为它搭建真实的场景。文生图模型可以帮助你以极低的成本完成这一过程（见图 2-38、图 2-39）。

图 2-38　生成指定的产品在不同场景下的效果

图 2-39　将指定产品与给定的场景图像相结合生成的融合图像

3. 知识教育

文生图模型在训练中使用的数据包含大量知识。可控生成能帮助你探索这些知识，对教育工作起到促进作用。文生图模型生成的病变胸部 X 线图像，可用于训练医学生做病情诊断（见图 2-40）。

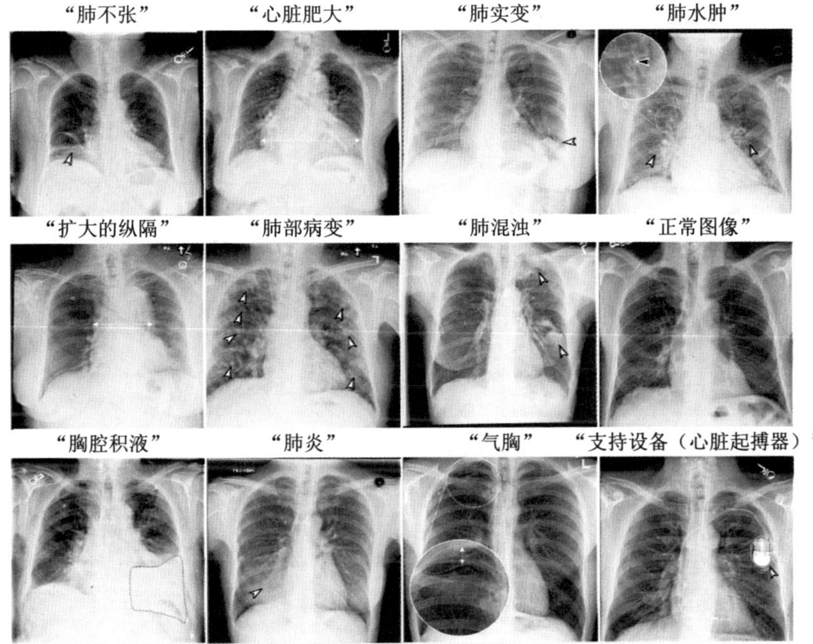

图 2-40　文生图模型生成病变胸部 X 线图像

2.2　视频生成方向

视频生成方向也有很多有趣的应用场景。我们可以进行 AI 换脸、构建数字人、用文本生成视频、可控编辑现有视频以及进行视频超分。下面我们来简单介绍一下相关功能。

2.2.1　AI换脸

AI 换脸是指利用计算机技术将一张照片中的人脸替换为另一张照片中的人脸，以实现在视觉上替换或融合人脸的效果。2016 年，德国纽伦堡大学研发的软件——Face2Face，可以将一个人的面部表情、说话时的面部动作、口形等复制到另一个人的脸上，拉开了 AI 换脸的序幕（见图 2-41）。

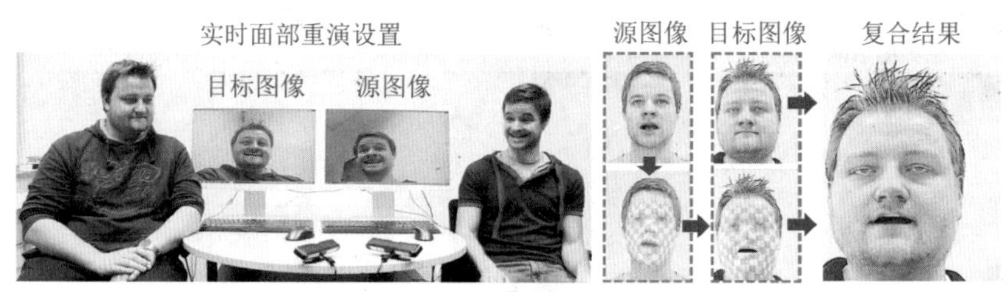

图 2-41　Face2Face 的换脸效果

2017 年，一位网友在论坛网站上传了一段“女超级英雄”的换脸视频，引起了轩然大波，掀起了第一波 AI 换脸热。

2019 年，一款主打 AI 换脸的视频制作 App 出现，可以帮助用户将自己的脸换到短视频中的人物上。该视频制作 App 一经问世，迅速位列某应用商店免费排行榜第一名。

2021 年，SimSwap 算法发布，其核心思想是将目标人物的表情、姿态和光照等信息融合到原始图像中，从而实现人脸替换。它的具体流程包括人脸检测、关键点检测、特征提取、特征融合、人脸重建和渲染六步（见图 2-42）。

在 SimSwap 发布后不久，HifiFace 算法发布。HifiFace 会计算输入的两张人脸特征向量之间的插值向量，然后将插值向量应用到替换人脸的特征上，以实现高质量的替换效果（见图 2-43）。

图 2-42 SimSwap 的换脸效果

图 2-43 HifiFace 的换脸效果

2.2.2 构建数字人

数字人是一种新的数字智能体，目前广泛应用于多种交互形式，比如元宇宙中的非角色玩家（NPC）、用户的虚拟形象（Avatar）等，主要有 AI 驱动和真人驱动两种形式。

AIGC 降低了数字人的制作成本。用户只需上传自己的一段视频或一张照片，AIGC 即可为该用户生成数字人。目前，基于 AIGC 生成的 3D 数字人已经初步达到产品化的水平，其建模精度已经和“次世代”游戏人物水平相当。在用户虚拟形象生成方面，AI 算法可以分析用户的 2D 图像或者对其进行 3D 扫描，然后生成高度逼真的虚拟形象，并可以在年龄特征、表情神态等方面进行个性化调整。目前，英伟达等多家科技公司已经在使用 AI 技术为用户在虚拟世界中创建个人虚拟形象（见图 2-44）。

图 2-44　英伟达的虚拟数字人形象

2.2.3 用文本生成视频

与文本生成图像（Text to Image，T2I）（AI 绘画）类似，文本生成视频（Text to Video，T2V）可以根据输入的自然语言文本生成一段视频。从原理上看，视频要将多个图像按照逻辑性和连贯性组合在一起，所以文本生成视频的难度比文本生成图像大很多。随着技术的不断进步，T2V 将对广告、短视频、影视等多个行业产生重要影响，除了可以显著降低视频的制作成本，还可以为设计师提供更多的创意灵感。下面是一些文本生成视频的示例。

1. Meta 公司的 Make-A-Video（见图 2-45）

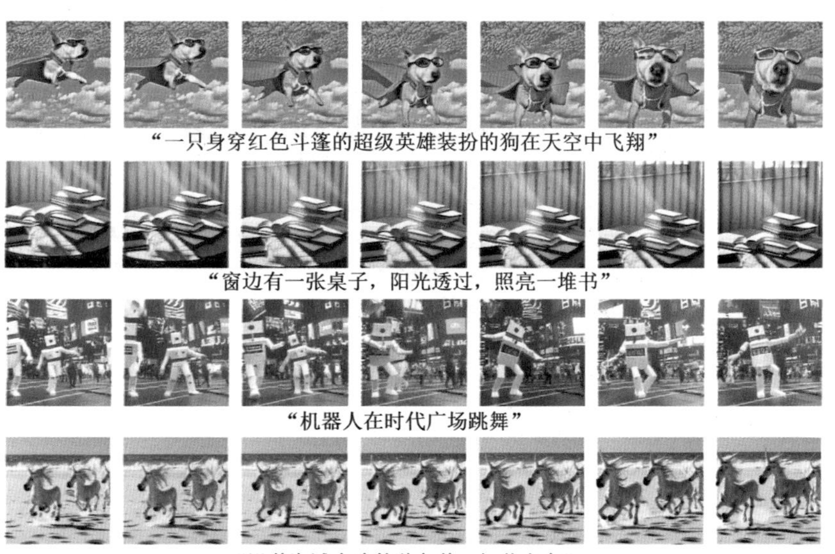

图 2-45　文本生成视频示例（Make-A-Video）

2. 谷歌公司的 Dreamix（见图 2-46）

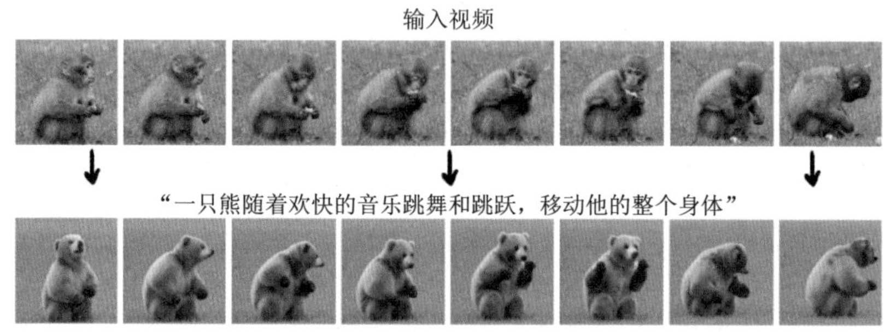

图 2-46　文本生成视频示例（Dreamix）

3. 谷歌公司的 Imagen Video（见图 2-47）

图 2-47　文本生成视频示例（Imagen Video）

2.2.4　可控编辑现有视频

我们可以使用编辑软件更改视频的色彩，但无法做到把一段视频改成动漫或者人偶风格。生成模型可以做到。这一功能可能会改变视频的创作方式。比如，我们先简单创作一个场景，可以是真实的场景，也可以是 3D 引擎中的场景；然后，我们可以使用生成模型（Runway）获得我们想要的结果（见图 2-48、图 2-49）。

图 2-48　Runway 将真实视频转换为动漫风格的视频

图 2-49　Runway 的快速创作展示

图 2-49（续） Runway 的快速创作展示

2.2.5 视频超分

我们可以利用 AI 技术将视频从低分辨率重建到高分辨率，提高视频画质。与单个的图像超分不同，视频超分技术可以利用相邻帧的信息，提升算法性能。

EDVR 是一种用于视频超分辨率重建的算法，由香港中文大学、新加坡南洋理工大学、中科院自动化研究所、商汤科技等机构的研究者共同提出。相对于传统的视频超分辨率算法，EDVR 使用了多个创新技术，能够在保证超分辨率重建效果的同时，大幅提高算法的速度和效率（见图 2–50）。

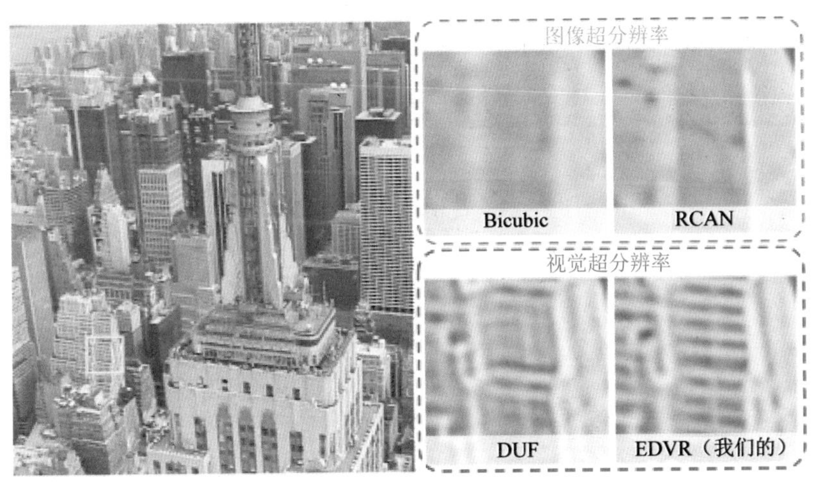

图 2–50　超分辨率重建的示例

C^2-Matching 算法的核心思想是使用 C^2-Matching 方法来实现参考图像和视频的匹配，以便在超分辨率重建过程中充分利用参考信息。C^2-Matching 是一种新型的局部特征匹配方法。它可以有效地匹配不同尺度和方向的局部特征，并在匹配中使用卷积核来提高匹配精度。与传统的超分辨率算法相比，RC^2SR 算法使用参考图像和视频来提供更多的信息，从而更好地处理图像和视频中的纹理、边缘和细节等问题，提高图像和视频的质量。同时，RC^2SR 算法使用了 C^2-Matching 方法来实现更精确的局部特征匹配，从而进一步提高了算法的精度和效率（见图 2-51）。

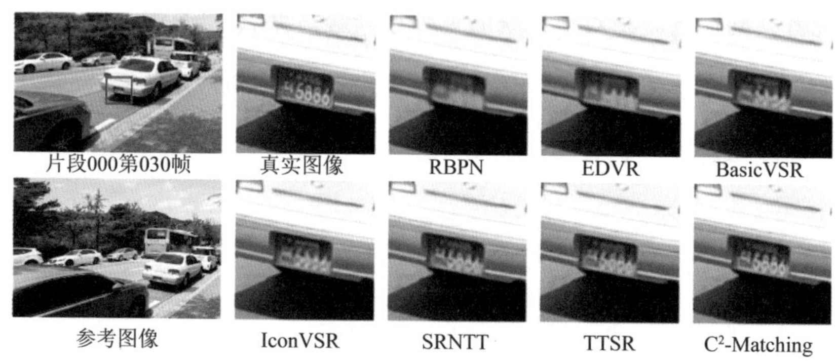

图 2-51　各算法的重建效果对比

2.3　3D 模型方向

3D 模型方向包含文本生成人体模型、文本生成 3D 模型、图像生成 3D 模型、草图生成 3D 模型和文本生成人体动作等。

2.3.1　文本生成人体模型

新加坡南洋理工大学-商汤科技联合研究中心 S-Lab 团队发布的 AvatarCLIP 模型，可以使用大规模视觉语言模型 CLIP 的跨模态能力和可微分渲染工具。用户无须再进行任何训练，即可根据输入的文本生成高质量的 3D 人体模型。它进一步结合大量的动作数据预训练模型，实现了文本生成角色动作（见图 2-52、图 2-53、图 2-54）。

图 2-52　文本生成角色动作示例（1）

图 2-53　文本生成角色动作示例（2）

图 2-54　文本生成角色动作示例（3）

2.3.2 文本生成3D模型

谷歌发布的 DreamFusion 模型可以使用 2D Diffusion 算法生成 3D 模型。首先，它使用自然语言处理技术将文本描述转换为 2D 形状；其次，使用 2D Diffusion 算法将 2D 形状扩散到 3D 空间，生成一个基础的 3D 模型；最后，使用机器学习算法对生成的 3D 模型进行进一步的优化和修复，以生成一个更加准确和符合原始文本描述的 3D 模型（见图 2-55）。

图 2-55 文本生成 3D 模型示例（1）

英伟达发布的 Magic3D 模型，在输入诸如“一只坐在睡莲上的蓝色箭毒蛙”之类的提示词后，可以在 40 分钟内生成一个配有彩色纹理的 3D 模型。Magic3D 模型的生成过程分成两步：第一步，生成低分辨率的粗略模型；第二，将其优化成高分辨率的精细模型。它通过 Instant NGP 的哈希特征编码，降低了高分辨图像特征表示的计算成本，其生成速度快、效果好。此外，与文本生成图像的扩散模型类似，Magic3D 模型可以在几代生成的图片中保持一致的主题，并将 2D 图像的绘画风格应用到 3D 模型中（见图 2-56）。

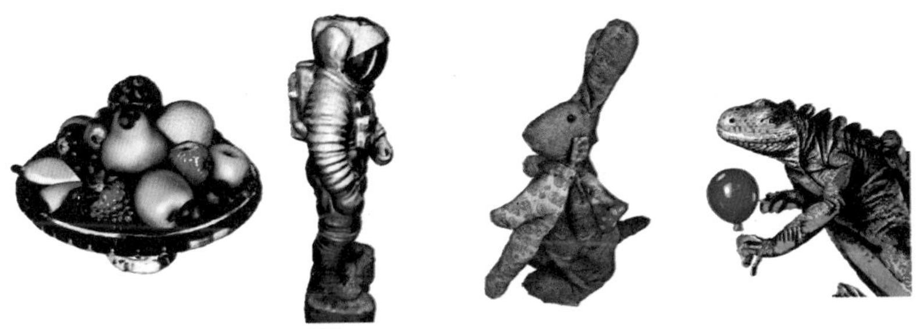

“银盘中水果堆积如山”　“米开朗基罗风格的宇航员雕像”　“一只毛茸茸的灰兔子拿着假胡萝卜”　“一只拿着气球的蜥蜴”

“一件用垃圾袋做的漂亮连衣裙”　“一顶英国皇室风格的皇冠”　“一只坐在睡莲上的蓝色箭毒蛙”　“新天鹅堡，鸟瞰图”

图 2-56　文本生成 3D 模型示例（2）

文本生成 3D 模型的应用场景包括虚拟现实、计算机游戏、建筑设计等。设计师和研发人员使用文本描述来生成 3D 模型，可以极大地简化 3D 建模的过程，提高工作效率。普通用户也可以使用文本描述轻松地创建自己的 3D 模型。

2.3.3　图像生成3D模型

英伟达在 2022 年 12 月发布的 GET3D 模型，可以生成具有纹理特征的 3D 网格，根据其训练的 2D 图像类别（如动物、汽车、建筑物等）即时合成 3D 模型。AIGC 生成的对象具有复杂的几何细节和逼真的表面纹理，并且可以采用常见的图形处理软件中的三角网格形式创建，便于用户导入编辑器进行二次创作。该模型在 Nvidia A100 Tensor Core GPU 上使用从不同角度拍摄的约 100 万个 3D 物体的 2D 图像进行训练，每秒可生成 20 个对象（见图 2-57）。

图 2-57　图像生成 3D 模型示例

2.3.4　草图生成3D模型

卡内基·梅隆大学的 Pix2pix3D 支持根据草图生成特定类别的 3D 模型。用户需要做的就是输入草图，让人工智能完成整个场景的搭建（见图 2-58）。

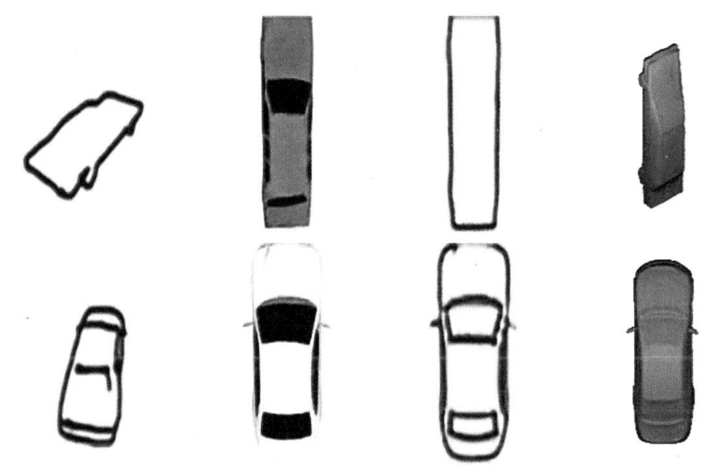

图 2-58　草图生成 3D 模型示例

2.3.5　文本生成人体动作

TEMOS 模型的核心思想是使用自然语言文本指导人体动作生成。首先，该模型将输入的文本分解成句子，通过语义分析将每个句子转换为语义表示；其次，它将这些语义表示传递给一个神经网络，该网络会生成与输入文本相对应的动作序列；最后，这些动作序列可以用于控制数字人或机器人运动（见图 2-59）。

研发团队在 TEMOS 模型的基础上，提出了 TEACH 模型。其设计思路是将动作建模为一系列关键帧的组合，每个关键帧包括一个人的 3D 姿态和一个时间戳。这种动作表示方式可以更好地描述复杂的行为，比如人类交互、跳舞和运动等，因为这些行为往往由多个动作组成（见图 2-60）。

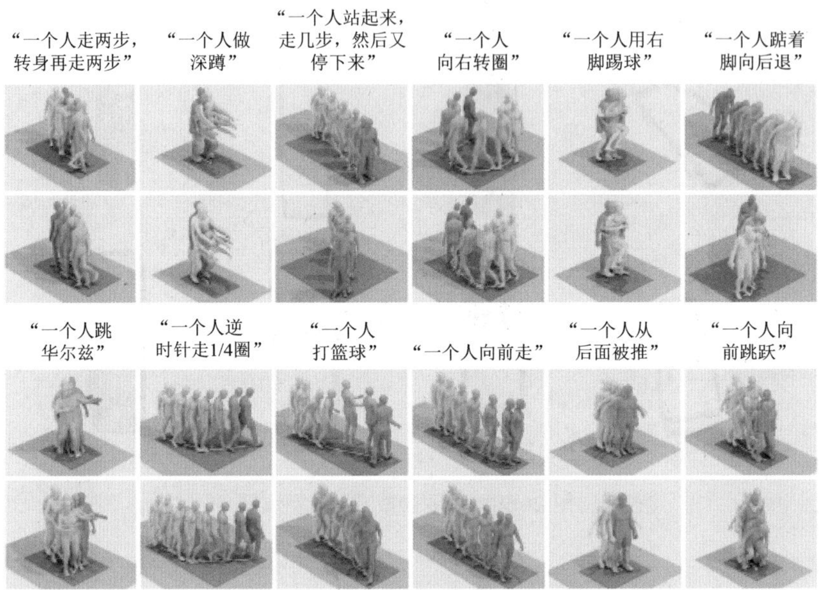

图 2–59　文本生成人体动作示例（1）

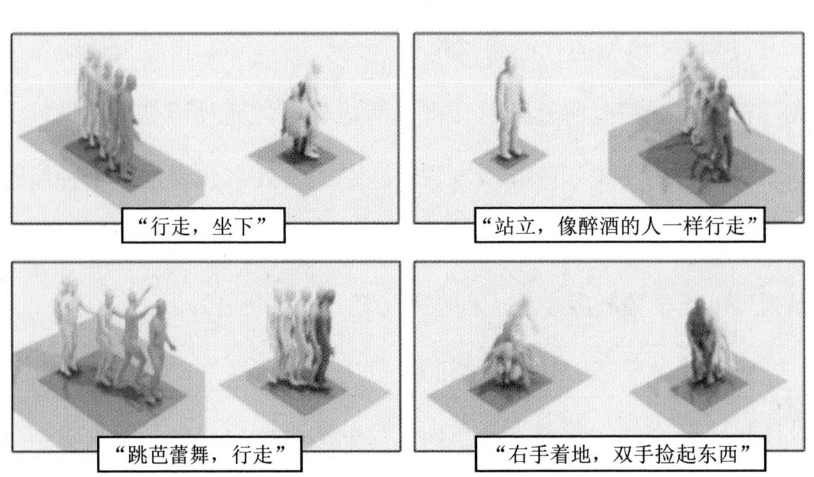

图 2–60　文本生成人体动作示例（2）

第 3 章

硅之身——短视频、数字人时代

肌肤若冰雪，淖约若处子；不食五谷，吸风饮露。

——庄子

来自 CNNIC 的报告预测，截至 2022 年 12 月底，短视频用户规模约为 9.85 亿人，网民的使用率超过 92%，同比增长近 2%，如图 3-1 所示。来自索福瑞的数据则指出，短视频用户群分布广泛，从青少年到“银发一族”全都是其忠实拥趸。其中，10 岁及以下网民的短视频使用率达到 90.4%，50 岁及以上中老年用户的短视频使用率也超过了 30%。

从使用时长和频率来看，短视频也是一骑绝尘，无愧于“时间杀手”的称号。易观千帆的数据指出，2022 年上半年，短视频用户使用总时长最高纪录是 5 月的 714.77 亿小时，整个上半年的日均使用时长同比增长 10%。

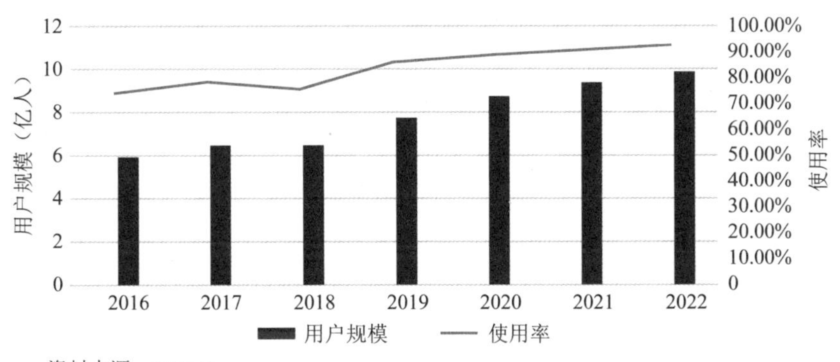

资料来源：CNNIC。

图 3-1　短视频用户规模及使用率

3.1 揭示短视频走红的原因

首先，短视频已经成为当今碎片化学习的必备选择，拥有极高的用户黏度。这种类型的视频通常时长为 15 秒至 5 分钟，时长虽短内容却丰富多彩。这些短视频节奏快而内容紧凑，灵动有趣。最近的调查显示，短视频已经全面超越游戏直播、长视频、娱乐直播等，成为用户黏度方面的绝对领先者。这体现了大众对碎片化信息的需求日益增加。人们喜欢快速地获取信息，而短视频正好符合这一需求。从短视频中人们可以获得丰富、有趣的内容，并且还能够满足自己的兴趣。

其次，由于短视频具有创新性、新颖性和多样性的特点，所以在年轻用户中的受欢迎程度更高。短视频已经成为创新力爆棚的新世代的主要选择。这些新世代用户不仅关注短视频本身，还喜欢通过点赞、分享、评论等社交方式来表达自己的兴趣和需求。其中，有些人甚至想要通过打造个人品牌成为带货达人或商业网红。在这样的背景下，短视频恰好符合这些用户多元化和个性化的自我展示需求。这些年轻用户可以利用自身的创造力和独特风格，结合个人观点和解说，制作出令人耳目一新的短视频内容。由于短视频的时长较短，所以更容易被人们关注和接受。同时，这种视频形式也更容易让创作者获得用户的关注和支持，从而促进创作者个人的发展。除此之外，短视频还给予了创作者更多的自由度和创作空间。通过使用各种创作工具和技术，创作者可以呈现出更加鲜活、生动的画面，并且通过剪辑技术来突出主题和情感，从而提高视频的艺术价值。总之，短视频已经成为年轻人社交和展示自我的重要形式。这种视频形式不仅吸引了越来越多的用户，而且也为创作者提供了更广阔的发展空间。

再次，短视频平台的迅速崛起不仅吸引了众多年轻用户，也吸引了诸如明星偶像、社会名人等知名人士的加入。这些名人的示范效应让更多的人开始关注并使用短视频。特别是在新冠疫情期间，由于无法开演唱会和拍摄电影等线下活动，许多娱乐明星开始在各大短视频平台进行内容创作或直播带货。这些娱乐明星借助短视频打造品牌，并通过直播完成销售，打出“短 + 直”的组合拳，其中不少娱乐明星迅速跻身前 100 名达人榜。这一成果进一步推动了短视频平台的发展，也吸引了更多的用户参与其中。另外，受到资本的青睐也是短视频平台快速发展的原因之一。BAT（中国互联网企业三巨头：百度、阿里巴巴、腾讯）等不遗余力地扶持短视频 App，并深入进行算法分析和流量运营，由此短视频越来越受到投资者的青睐。例如，腾讯先后推出了 12 个短视频 App，最新上线的微信“视频号”被看作腾讯的“第二增长曲线”的一大突破点。这种资本的支持和推动使得短视频平台向更广泛的领域拓展，同时也为创作者提供了更多的机会。

最后，短视频平台的迅速崛起已经成为数字文化产业中的一股强劲力量，除了吸引了大量年轻用户和明星的加入，还吸引了创业者和企业商家的涌入。创业者看到一些头部网红迅速走红并带来丰厚收益的案例，认为短视频是一个极具商业价值的新兴领域。而企业商家则看到了一种与消费者、客户之间沟通的新方式以及流量增长点。从这些创业者和企业商家的角度来看，短视频平台提供了全新的营销方式和品牌推广渠道。通过在短视频平台上发布有趣、新颖和实用的内容，他们可以与更广泛的观众建立联系，并将其转化为忠实的消费者或客户。由于短视频平台的特点是快速、简洁和易于传播，因此它非常适合用于传播品牌形象和进行生动的产品演示。同时，随着技术的不断进步和社交媒体的迅速发展，短视频将继续拓展其应用范围，并成为未来数字文化产业中的重要一环。

3.2 探究短视频的商业价值

不得不说，这是一个充斥着焦虑情绪的时代。那些苦于流量不足的人夜以继日地思考如何扩大自身影响力，而那些已经拥有相当流量的人则不断谋划着如何将流量变现。在短视频领域也是如此，当创作者持续输出短视频内容并积累了足够的人气时，就会开始思考如何将这些流量变成真实的收益。

短视频的商业价值不仅是对优质内容的回馈，更是激励创作者不断产出优秀作品的动力。它如一泓清泉，滋润着创作者的心田，鼓舞着他们源源不断地创作出精彩纷呈的内容；它如星星之火，点燃了创作者内心的激情与创造力，使他们愿意投入更多精力和时间，持续打造引人入胜的视听盛宴。

3.2.1 沉浸式的广告呈现

短视频的商业价值主要体现在广告呈现方面。特别值得一提的是，抖音率先使用了沉浸式的短视频广告。在广告概念中，沉浸式的广告指的是将用户带入真实还原某种场景的虚拟世界，让用户通过视觉、触觉、嗅觉、味觉等感官体验，获得场景共情和情感共鸣的沉浸式体验。

沉浸式的短视频广告在用户接受方式、观看体验和转化方面具有独特优势。在短视频广告中，抖音精心设计的交互环节，则像音符一样触动用户多巴胺的“琴弦”，让他们陶醉其中，欲罢不能，变得“行为上瘾”。同时，不可预测的推荐方式，让用户每次手指滑动时，猜不到下一个视频会是什么，每一次滑动都是一次“探险”，让用户心中充满期待，无法预测下一段旅程的目的地。这种推荐方式可以最大限度地把广告融合在短视频内容中，而用户则沉浸于观看的乐趣中，不由自主地接纳广告信息，对其产生信任和好感，自愿与广告互动，甚至成为该品牌的忠实追随者。

这一创新的广告形式不仅为用户带来了愉悦体验，也为广告主带来了无限商机。广告与内容的紧密结合，提升了用户的参与度和留存率；将广告转化为与用户互动的媒介，让用户从讨厌广告到不排斥，再到乐于接受，并愿意为之买单。

3.2.2 灵活隐式的内容植入

一条短视频，宛如一部微型影视剧，不仅有引人入胜的故事情节，还蕴含着内容植入的商业价值。内容植入是短视频带来的第二大商业价值。在内容植入中，最简单却又精巧的方式是台词植入，即在视频内容中巧妙融入品牌产品的性能介绍或广告语。通过自然流畅的对话或片段，品牌形象与产品特点被无意识地传递给观众，潜移默化地扩大了品牌影响力。此外，还有剧情植入，比如通过一段“两车抢车位，老司机不敌自动泊车”的短视频，某品牌汽车的自动泊车技术给人留下了深刻的印象。通过生动的故事情节和角色塑造，品牌产品无须直接宣传，而以隐性的方式深入人心。而场景植入则将产品巧妙地融入短视频的背景中，通过作为道具或以奖品的形式进行植入。品牌的广告牌或产品放置在画面中的适当位置，巧妙地吸引用户的注意力，让品牌与短视频内容无缝衔接。这些巧妙的内容植入方式，不仅使品牌信息自然而不刻意地融入短视频，同时也让观众在享受精彩内容的同时，感受到品牌的存在。这种隐性的宣传方式既不会影响观众的观看体验，又能够潜移默化地为品牌带来曝光度。

3.2.3 爆发增长的内容带货

新冠疫情的暴发，催生了全民带货的热潮。在此背景下，内容带货成了抖音和快手两大短视频主流平台的撒手锏，也是目前备受关注的商业价值之一。2020 年 6 月 18 日，抖音宣布正式成立电商部门，全面推广其“抖音小店”。快手则与京东联手，用户可以直接在快手 App 中购买京东平台上的商品，无须跳转链接。抖音上有很多拥有百万甚至亿万个粉丝的大 V，他们通过创作大量独具特色的短视频内容，建立了个人品牌，并在抖音直播带货。这种内容电商模式与传统的淘宝、京东等电商有着本质上的不同。它既可以让商家打造自己的品牌，同时也为那些没有供应链能力却渴望通过带货实现变现的短视频创作者，提供了一个低门槛的舞台。

内容带货成功的关键在于，创作者通过精心制作的短视频内容，吸引了大量观众的注意力，形成了自己的影响力。在这种基础上的商业化运作，不仅能够帮助创作者实现商业变现，也为品牌商家提供了一个与观众直接互动、推广产品的渠道。内容带货模式的兴起，促进了短视频平台的商业生态的发展，同时也为更多的创作者和品牌带来了共同成长的机遇。

3.2.4 异军突起的网红

短视频领域崛起了一批具有领军地位的网红，他们成为备受瞩目的网红后，带来了巨大的商业价值。

来自云南的某位主播，她的视频仿佛打开了一扇云南美食的大门。通过她的视频，你可以看到四时三餐，窥探乡野浪漫，阳春三月玫瑰花开，摘一背篓做鲜花饼，金秋十月稻花鱼肥，煮一锅酸木瓜鱼。镜头一转，你还可以感受最淳朴的云南特色风情，置身目瑙纵歌节、德宏泼水节的现场。她抓住了内容电商和短视频出海的双重机遇，迅速成为新一代短视频达人的代表。她通过短视频将中国传统美食文化呈现给亿万国际网友，还受聘成为当地的旅游宣传大使，得到了社会的广泛认可。网红价值在短视频领域备受关注，不仅是因为他们的社交影响力和粉丝基础，还因为他们能够代表和引领一种新的文化和时尚潮流。他们的成功不仅为自己带来了商业成功，也为整个短视频行业带来了新的商业模式和商机。

3.2.5　繁荣发展的短视频生态

短视频的商业价值不仅体现在个体创作者和企业的营销推广上，还体现在其加速了整个视频软硬件生态的发展上。在硬件方面，各手机品牌为满足用户对高质量短视频的需求，全面提升短视频的拍摄质量。从图片美化到视频美化，如三星、OPPO 等推出了具备视频背景虚化和防抖功能的手机，受到广大消费者的青睐。在软件方面，诸如美图秀秀、VUE、剪映、爱剪辑等应用程序则拥有大量用户。用户可以通过它们对拍摄的短视频进行剪辑、配音、加滤镜、加字幕、加特效等操作，实现个性化的创作和编辑，打造独特而精美的短视频作品。这种软硬件生态的加速发展，不仅满足了用户对更高质量短视频的需求，也推动了硬件设备和软件技术的创新与提升，从而促进整个短视频生态的繁荣发展。

3.3 内容创作者的困境

短视频的迅速发展也给创作者带来了一些挑战。一方面，平台希望提供越来越多创新、差异化、高质量的短视频作品，以吸引并留住用户，获得更多流量和市场份额。另一方面，内容创作者则追求更大的流量，以便更快地实现变现。这种供需矛盾往往导致内容创作者们只追求短期的流量激增，而忽视了创新、差异化和深度思考。这使得短视频作品变得同质化、泛娱乐化和浅思维化，无法满足用户“高质量、有创新性和富有深度”的需求。因此，平台需要寻找一个平衡点，既能满足用户的需求，又能激励内容创作者生产更好的作品，同时维持平台的商业利益。这是短视频行业供需矛盾的一个核心问题。

3.3.1 需求与供给的矛盾

短视频平台有个非常格式化的内容门类——由简单的文案 +AI 配音 + 专属 BGM+ 视频剪辑构成的影视解说。这类视频的女主人公都叫小美，男主人公都叫小帅，两三分钟的剪辑视频往往能说完一部电影的全部内容。影视从业人员或者文化批评家经常怒斥这些低质内容毫无营养、缺乏格调，但播放量和粉丝数又表明这些内容背后有一群对此喜闻乐见的普罗大众。

对内容渴求的不仅是普罗大众，Fancy Technology 的首席风险官（CRO）默羽认为，从品牌的角度来看，未来不会按照平台或者线上线下来对内容进行鲜明分类，优质的内容都属于品牌资产的范畴，品牌要实现的目标就是让所有的平台都能关注到自己，这需要大量的优质内容作为支撑。她以 Fancy Technology 正在服务的国内某知名女装品牌为例解释了她的这一观点，该品牌的销售渠道目前也不再分为线上和线下，而由同一个人负责，因为该品牌通过调研发现，线上线下用户的重合度变得越来越高，所以他们需要做的重点是打通所有消费场景，对内容进行统一分发。现在一个成熟的品牌如果去做线上运营，至少要同时经营 5~6 个电商平台，每个平台里面短视频的入口也很多，因此一个品牌要想让短视频覆盖所有平台，成本负担是很重的。再加上各个平台的运营规则不断调整，品牌要想随时做出动态调整，也非常困难。

不只是品牌，当一些赛事热点需要持续“发酵”时，也离不开相关内容的持续产出。咪咕视讯曾在数字体育赛道上小试牛刀。在中国移动首个 5G 世界杯元宇宙中，10 个数字人参与直播，占嘉宾总数的 17%，数字制作内容占比 40%。这些内容产出的背后，是大量专业人员耗费大量算力的结果。花天价购买了版权，该如何发挥一场赛事的“长尾效应”呢？答案是源源不断地产出后续内容。有时候，一个“出圈”的梗就能带火一场已经结束的比赛。2022 年全球体育赛事超过 8000 场，2023 年预计会增加 50% 以上，现实倒逼我们必须用更短的时间产出更多高质量的内容。

早在 2018 年，马化腾在接受《财经》记者关于“互联网是否正在从流量战争转向内容战争”的提问时表示：“未来内容的价值、IP 的价值会越来越重要。流量和内容的比例将会从原来的 8/2，变成 5/5。同时，流量和内容，一个是入口，一个是制高点。”如同货币在市场流通一样，内容也正在成为社交的“硬通货”。

3.3.2 门槛阻碍了内容生产与创新

从经济学的角度来看，资源总是稀缺的，而优质的内容更是一种稀缺的资源。新媒体时代的内容创作者比传统媒体时代的内容创作者要难得多。在传统媒体时代，内容创作者从组织上来说属性单一，大多为职业化的专业媒体人。新媒体时代的到来，令媒体和传播不再是一种专门的机构和一种专属的权利，而是成为一种人人均可获取的工具和能力。新媒体时代催生了个体内容创作者，个体内容创作者往往集各种工序和工种于一身，需要由个体完成整个内容生产的流程。

以短视频为例，在新冠疫情期间，线下流量格局被打破，线上短视频成为重要的流量入口。巨大的流量就在面前，但想做好一个账号的难度却越来越大，付出的成本也越来越高。以短视频创作为例，创作一期短视频需要人员、拍摄器材、场景搭建等，这意味着每一期的视频制作成本很难降下来，并且存在大量的重复性机械劳动。类似地，直播行业的成本也很高，月薪 1.5 万元都不一定能招聘到合适的主播，并且还要考虑场地、设备等固定成本。这些门槛极大地限制了内容创作者。

人的精力是有限的，如果把精力放在重复性机械劳动上，那么放在思考内容深度、创新观点上的时间就会相应减少。就像农业社会时的手工纺织不足以为所有人提供充足的生活资料一样，当今的内容生产也需要一场“工业革命”。而 AIGC 就是这样一场内容生产革命，只不过这次不再是生活资料的大生产，而是信息的大生产。

3.4 数字人产业

传统的内容生产通常由专业人士或者普通大众来完成，现在可以通过 AIGC 加持，由 AI 驱动进行内容生产，进一步解决生产效率低及产出质量差等问题。AIGC 能够以优于人类的制造能力和知识水平承担信息挖掘、素材调用、复刻编辑等基础的机械劳动，以“AI 驱动”替代“人力驱动”，从技术端实现知识性与创造性工作的转化，使边际成本下降，生产效率提升，价值增加。至此，通过技术迭代打破数字内容供给侧的产能瓶颈成为可能。

3.4.1　通过数字人实现AIGC

硅基智能是改变视觉内容生产的代表企业。2022 年，硅基智能成为首批加入“华为云数字内容伙伴计划”的企业之一，如图 3-2 所示。硅基数字人产品同时入驻华为云，集合了数字人生成、内容生产、智能交互等多方面的产品应用，为广电、互娱、金融、政务、运营商、零售等行业提供数字主持人、数字人主播、虚拟偶像、数字员工、数字品牌 IP 的创建与运营服务。

图 3-2　华为云数字内容伙伴计划发布会现场

在南京、深圳、苏州、沈阳、武汉、昆明等地开展的华为的品牌活动中，都有硅基数字人的身影，通过数字主持人、数字人交互、数字人视频等，全面展示了硅基智能在业界领先的 2D/3D 数字人产品以及数字人应用解决方案，如图 3-3 所示。

图 3-3　硅基数字主持人

2022 年，在深圳召开的华为云全球创业者峰会上，来自全球的优秀创业者、投资人、技术大咖和行业专家欢聚一堂，共同探讨前沿科技和产业趋势。在此次峰会中，硅基智能创始人兼 CEO 司马华鹏关于“虚拟与现实，元宇宙与传统行业的融合”的发言引起了广泛关注，发言中司马华鹏提到，硅基数字人已经应用在各个领域中，从知识生产到直播电商再到数字文娱等都有硅基数字人的身影，硅基智能已创造 100 多万个“数字劳动力”，服务于 40 多个行业、4 万多家企事业单位；硅基智能将在未来 5 年为全球输出 1 亿名硅基劳动力，构建元宇宙产业生态，打造数字经济下的元宇宙“中国样板”，致力于将人类从繁重的重复性劳动中解放出来，为全球产业赋能（见图 3-4）。

图 3-4　司马华鹏参加华为云全球创业者峰会

3.4.2　数字人助力AIGC，将开拓更大的商业空间

硅基智能从电话机器人，到 2D/3D 数字人应用交互，再到布局 AIGC，人工智能、数字人一直是硅基智能研发的重要方向，并且在数字人领域一直走在行业前沿，同时受到了市场的广泛认可，越来越多的硅基数字人正在陆续“上岗”。比如，超写实虚拟偶像“爱夏”、为无锡广电集团打造的虚拟主播“甜熙”、工商银行数字员工“艾小云”、数字人护士“安安”等，如图 3-5 所示。与真人相比，虚拟数字人更加安全可靠，不会出现负面新闻，永葆青春，并且由虚拟数字人打造的数字代言人、虚拟偶像，将是专属于企业自己的数字资产，不会流失。

图 3-5　硅基智能打造的虚拟形象

3.4.3 AI互动，数字人24小时直播

现在直播行业的成本很高，月薪 1.5 万元都不一定能招聘到合适的主播，并且还要考虑场地、设备等固定成本。针对这一痛点，硅基智能数字人直播机使用 2D 超写实数字主播（见图 3-6），不用真人主播，不用场地及场景搭建，可以实现智能实时回复、24 小时直播，成本最低可降至 200 元 / 天，大大降低了直播成本，有效助力直播电商、乡村振兴发展，同时它支持多语种模式，解决跨境电商语言障碍，助力中国企业开拓海外市场。

图 3-6 硅基智能数字人直播

3.4.4 为创作者定制的基于数字人的AI短视频生成平台

硅语元宇宙应用产品，可以轻松用数字人制作短视频，不需要真

人出镜，也不需要复杂的场景、灯光、拍摄人员等，只需输入文案，一分钟批量生成数字人视频，可节约 90% 的成本与时间，如图 3-7 所示。

图 3-7　用数字人制作的短视频

硅基智能已经帮助“刘润”“骆骆整理说”“大巫聊装修”等抖音号的 3 万多名关键意见领袖（KOL）拥有自己的“数字分身”，应用于 IP 形象打造、视频制作、直播及其他应用场景，如图 3-8 所示。

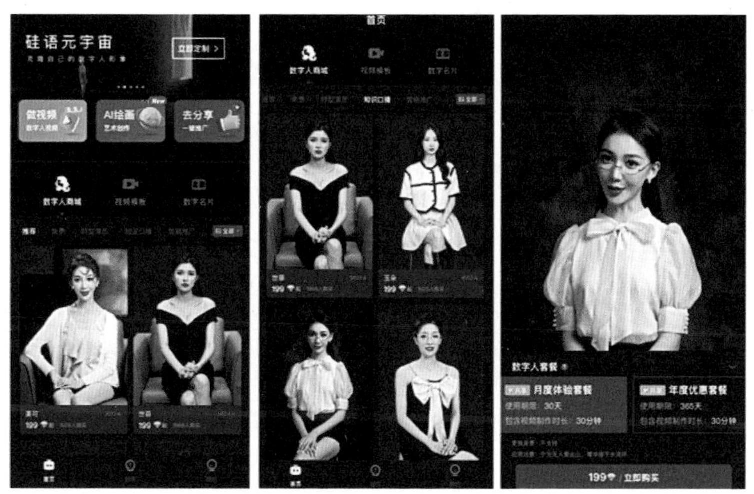

图 3-8　KOL 们所拥有的“数字分身”

第4章

硅之脑——大语言模型时代

冰雪净聪明，雷霆走精锐。

——杜甫

自然语言处理（Natural Language Processing，NLP）是一项涵盖自然语言学、计算机科学和人工智能的交叉学科技术，它致力于研究人与计算机之间语言的交互，并旨在构建能够处理自然语言的系统。自然语言是人类相互交流的主要工具。使用计算机来处理人类语言并给出适当的结果，是人类对于智能技术的一种探索。为了实现这一目标，自然语言处理将计算语言学与机器学习相结合，开发了智能机器能够识别自然语言上下文和意图的技术。

机器学习是人工智能的一个子领域，它让机器自发地通过经验进行学习和执行任务，无须明确编程。深度学习则是机器学习的一个分支，其灵感来源于人类大脑的工作方式。它是一种神经网络，也可以看作由大量的神经元相互交互而形成的复杂网络，可以执行各种复杂任务，并最小化干预。随着深度学习技术的不断成熟，自然语言处理领域出现了由数千甚至数百万个简单处理单元（称为人工神经元）组成的密集神经网络的大型语言模型，这极大地促进了自然语言处理技术的发展。另外，自然语言处理领域的另一个重要变革是预训练模型的引入，比如 GPT-3、ChatGPT。在本章后半部分，我们将讨论预训练模型的相关内容。

随着人工智能技术的不断发展，大语言模型成了近年来一个非常重要的研究领域。在本章中，我们将从自然语言处理技术的历史沿革、生成式预训练模型、GPT 系列比较、ChatGPT 的由来等四个方面详细介绍大语言模型时代的发展历程与最新进展。

4.1 自然语言处理技术的历史沿革

自然语言处理技术的发展，经历了漫长的过程。其中，涌现了许多经典的技术和模型，下面我们主要介绍几个常见的模型。

4.1.1 词袋模型

在 2016 年之前，解决自然语言处理技术的主要方法是使用词袋模型（Bag of Words Model，BOW）。

它最早是由 Harris 等人[1]于 1954 年提出的。词袋模型是一个常用的文本表示方法。简而言之，它是一种将文本转换成数字向量的方法。它将文本看作一个由词汇组成的集合，不考虑词汇之间的顺序和语法关系。我们可以将其比喻为一个袋子，将文本中出现的所有单词抽取出来，然后统计它们在文本中出现的频率，最后得到一个向量来表示这个文本。比如，“这个苹果很好吃”这句话，在词袋模型中，首先我们会进行分词，在分词之后我们需要先将它转换成一个单词列表，即［这个，苹果，很，好吃］。然后，我们会建立一个词表，它包含了所有出现在训练数据中的单词。就这个例子而言，词表中会包含“这个”“苹果”“很”“好吃”这四个单词。接下来，我们需要统计每个单词在这个句子中出现的次数，统计结果为[1，1，1，1]。这就是这句话的向量表示。如果我们有多个句子，我们可以按照相同的方式将它们转换成向量，并将这些向量当作输入数据，用于训练模型或者完成其他任务。这种向量表示方法可以应用于各种文本分类、聚类、信息检索等任务。

在自然语言处理的初期，使用词袋模型来表示文本，其中每个单词都是独立的。然而，词袋模型没有考虑到单词之间的语义和关系，因此在处理一些语义复杂的任务时，效果可能会不佳。词袋模型的主要缺点如下：

（1）没有考虑到单词之间的顺序和语法结构。词袋模型只考虑到单词出现的频率，而没有考虑到单词之间的顺序和语法结构。

（2）高维稀疏问题。词袋模型中的向量通常是高维稀疏的，即大多数元素都是0。这种向量表示方法会占用大量的内存空间，并且在处理大规模文本数据时可能会导致计算量过大。

（3）没有考虑到单词之间的语义关系。在词袋模型中，每个单词都是独立的，没有考虑到单词之间的语义关系。例如，单词“猫”和“狗”在语义上非常相似，但是在词袋模型中它们具有完全独立的特征。

（4）对于生僻词和新词的处理效果不佳。在词袋模型中，出现次数较少的单词通常被认为是无关紧要的，但是这些单词在某些场景下可能具有重要的语义信息。同时，词袋模型对于新词的处理效果也较差。

针对以上这些缺点，一些新的文本表示方法被提出，比如词嵌入（Word Embedding）技术，它可以将每个单词映射到一个低维向量空间中，能够更好地表达单词之间的语义关系，从而在一定程度上突破了词袋模型的限制。

4.1.2 词嵌入

词嵌入是自然语言处理中的一种文本表示方法，它将单词转换为实数向量，以便计算机更好地理解和处理文本。词嵌入是一种基于深度学习的技术，其目的是将单词映射到一个低维向量空间中，使得单词在语义和语法上的相似性得到保留。

词嵌入的基本原理是，每个单词都表示为一个向量，该向量在向量空间中的位置反映了单词的语义和语法特征。比如，在一个二维向量空间中，单词“猫”和“狗”可能被映射到相邻的位置，因为它们在语义上非常相似。而“猫”和“汽车”则可能被映射到较远的位置，因为它们在语义上没有太多的相似性。

为了实现词嵌入，计算机通常使用神经网络模型来学习单词向量。其中最常见的方法是 Word2Vec 模型[2]，它使用神经网络来预测上下文单词，从而学习单词向量。Word2Vec 模型有两种变体，即 Skip-gram 模型和 CBOW 模型，如图 4-1 所示。Skip-gram 模型通过预测上下文单词来学习中心单词的向量，而 CBOW 模型则通过预测中心单词来学习上下文单词的向量。这些模型可以使用大量的语料库进行训练，以得到高质量的单词向量。随着深度学习技术的迅速发展，基于神经网络的词嵌入技术逐渐成为主流。

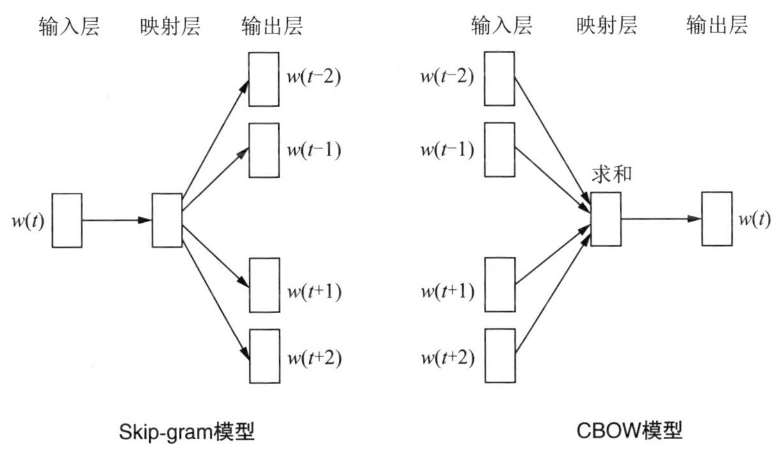

图 4-1　Skip-gram 模型和 CBOW 模型示意图

但是，Word2Vec 这种用于自然语言处理的模型，其本质上是一种静态模型。一旦使用 Word2Vec 模型训练完每个单词，这些单词的表示就会被固定下来。即使在之后的使用过程中，输入的上下文单词发生变化，这些单词的词嵌入也不会跟随上下文的场景发生变化。对多义词来说，这种模型非常不友好。例如，在英语中，“bank”这个单词既有“河岸”的意思，也有“银行”的意思。但是，在利用 Word2Vec 模型进行词嵌入预训练时，会得到一个混合多种语义的固定向量表示。即使在上下文场景中明显表明该词是“银行”的情况下，它对应的词嵌入仍不会发生改变。

这种静态模型的缺点意味着，Word2Vec 不能很好地捕捉到词语的多义性，这在自然语言处理任务中是一个重要的问题。为了解决这个问题，研究人员提出了一些改进的模型，如动态词嵌入模型（Dynamic Word Embedding，DWE），它可以根据上下文信息动态地更新词向量，从而更好地处理多义词。这种动态模型通常会使用递归神经网络或卷积神经网络等结构，以便在学习上下文信息的同时更新词向量。

词嵌入技术已经在各种自然语言处理任务中得到广泛应用，比如文本分类、情感分析、信息检索等。词嵌入的出现大大促进了自然语言处理技术的发展，并为人类更好地理解和处理自然语言文本提供了新的途径。

词嵌入技术相对于传统的自然语言处理技术具有以下优势：

（1）能够捕捉单词之间的语义关系，从而提高了自然语言处理的准确性。

（2）具有更高的处理效率。因为词嵌入技术使用无监督学习的方式进行训练，只需要大规模的文本数据，而不需要人工标注的数据。

（3）在处理稀疏数据方面表现出色。传统的自然语言处理技术往往需要使用词袋模型，而在这种模型中，大部分的词都是稀疏的，无法表达单词之间的关系。而词嵌入技术可以将每个单词表示为一个稠密的向量，有效地避免了这个问题。

（4）可以适应多种任务。词嵌入技术在文本分类、语义相似度计算、机器翻译等多个任务中都有着出色的表现。

词嵌入技术是伴随着深度学习技术发展起来的。而神经网络是深度学习的核心技术之一，神经网络是一种基于人工神经元的计算模型。常用的神经网络有卷积神经网络（Convolutional Neural Network，CNN[3]）、递归神经网络（Recurrent Neural Network，RNN[4]）、长短期记忆网络（Long Short-Term Memory，LSTM[5]）和门控循环单元（Gated Recurrent Unit，GRU[6]）等。其中，CNN 通过卷积运算来提取所输入的数据的特征，从而完成数据分类和识别等任务，如图 4-2 所示。RNN 可以处理具有时间序列结构的文本数据，如图 4-3 所示，它通过重复使用相同的神经网络模块来处理序列数据，从而保留历史数据。LSTM 也是一种用于处理序列数据的神经网络。它与 RNN 相比，LSTM 在处理长序列数据时能够更好地避免梯度消失问题，同时也能更好地捕捉序列数据中的长期依赖关系。GRU 是 RNN 的一个变种，它通过引入门控机制来处理长序列数据，以避免梯度消失和爆炸的问题。GRU 和 LSTM 一样，能够更好地捕捉序列数据中的长期依赖关系。

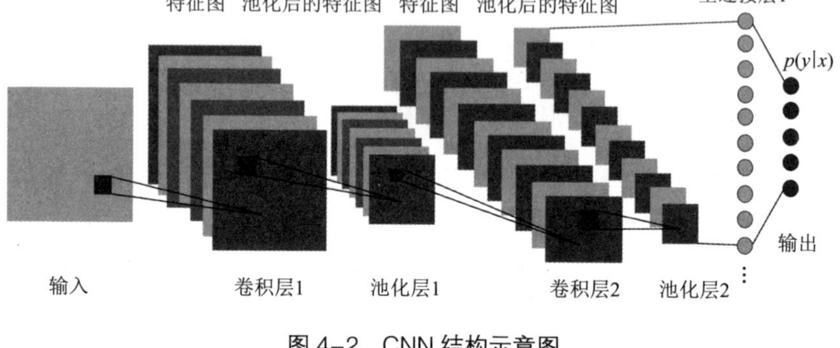

图 4-2 CNN 结构示意图

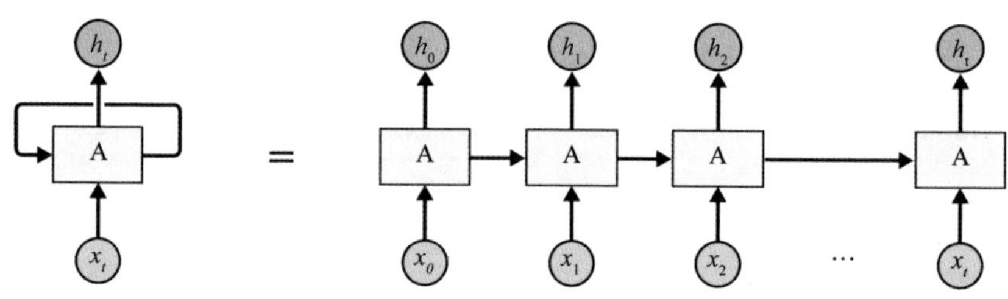

图 4-3 RNN 结构示意图

在自然语言处理中，神经网络被广泛应用于文本分类、情感分析、机器翻译等任务。其中，RNN、LSTM 和 GRU 等循环神经网络在处理序列数据时尤为有效。它们能够对长序列数据进行建模，从而更好地捕捉序列数据中的依赖关系。比如，在语言模型中，RNN 可以通过前面的单词预测下一个单词，从而生成连贯的句子。

当然，词嵌入技术也存在一些缺点：

（1）词嵌入技术并不能很好地处理多义词和歧义词，比如单词“bank”既可以表示“银行”，也可以表示“河岸”。这些单词的多义性和歧义性往往需要人工进行处理。

（2）词嵌入技术对于生僻词或新词的处理效果较差。这是因为这些词在训练语料库中出现的频率很低，因此无法被有效地编码到词向量中。

（3）词嵌入技术往往需要大量的训练数据，因此在某些任务中可能无法取得良好的效果。

（4）词嵌入技术可能存在偏见问题，因为训练数据集往往具有某些偏见，比如性别偏见、种族偏见等，这些偏见会反映在生成的词向量中。

这些缺点也促使了自然语言处理技术继续向前发展。

4.2 生成式预训练模型

4.2.1 什么是生成模型

生成模型是一种可以从给定的训练数据中学习数据的分布，然后生成与训练数据类似的新数据的模型。换句话说，生成模型可以模拟数据的生成过程，并从中生成新的数据。

与生成模型相对的是判别模型，判别模型不关心数据的分布，而是直接对数据进行分类、回归等预测。举个例子，对于一组身高、体重和性别的数据，生成模型可以学习到身高、体重和性别之间的分布关系，然后用这个关系生成新的身高、体重和性别的数据。而判别模型则只关注如何根据已知的身高和体重来预测性别，而不关心身高、体重和性别之间的分布关系。

生成模型在自然语言处理、计算机视觉和语音处理等领域得到了广泛的应用。在自然语言处理领域，生成式对话系统就是一个典型的应用场景，它能够根据用户的输入生成自然语言进行回复。在计算机视觉领域，生成模型可以用于图像合成、图像修复和图像超分辨率等任务。在语音处理领域，生成模型可以用于语音合成和语音增强等任务。

4.2.2 什么是预训练模型

预训练模型是一种在大规模语料库上进行自我训练的模型，它能够学习自然语言处理任务中的一般特征和模式。预训练模型通常使用无监督学习的方式，在没有人工标注的数据上进行训练，以获取更广泛和通用的语言知识。

在自然语言处理领域，预训练模型已经成为一种重要的技术，因为自然语言处理任务一般需要大量的标注数据来训练模型。而这些标注数据往往很难获得，并且需要耗费大量的时间和人力成本。预训练模型的出现弥补了这一缺陷，通过在大规模无标注数据上进行训练，可以大大降低对标注数据的需求，从而降低了训练的成本。

常见的预训练模型有 GPT、BERT、ELMo 和 RoBERTa 等。这些模型是通过在大规模无标注数据上进行训练而得到的，然后通过对这些模型进行微调来适应特定的自然语言处理任务。预训练模型的好处在于，它们学习到了语言的通用模式，因此可以适应不同的任务，而不必重新训练一个新的模型。

预训练模型的出现为自然语言处理的研究和应用带来了新的机遇和挑战。

预训练模型具有以下几个优势：

（1）提高模型的泛化能力。预训练模型可以利用大规模数据集学习数据的通用特征，这些特征可以被迁移到各种不同的下游任务中，从而提高模型的泛化能力。

（2）降低训练成本。预训练模型可以通过预训练的方式获得较好的初始化参数，从而在少量数据上进行微调，降低训练成本。

（3）提高模型的性能。预训练模型可以在训练过程中学习数据的通用特征，从而在下游任务中提高模型的性能，缩短训练时间。

（4）避免过拟合。预训练模型可以在大规模数据集上进行训练，从而避免出现过拟合的问题，提高模型的泛化能力和性能。

（5）提高下游任务的完成效率。预训练模型可以通过在大规模数据集上进行预训练，学习数据的通用特征，然后将这些特征迁移到下游任务中，从而提高下游任务的完成效率。

4.2.3 从ELMo模型到Transformer模型

为了解决词嵌入在多义词场景下处理效果差的问题，研究人员提出了一种动态更新词嵌入模型——ELMo[7]（Embeddings from

Language Models），如图 4-4 所示。ELMo 的核心思想是“深度语境”，它不仅提供单词的临时词嵌入，还提供生成这些词嵌入的预训练模型。这样，在实际应用中，ELMo 可以根据上下文场景动态调整单词的词嵌入表示。

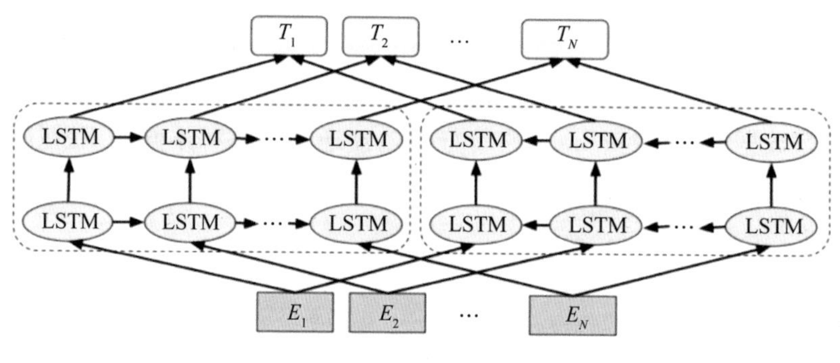

图 4-4　ELMo 结构示意图

ELMo 的提出，标志着语言模型已经进入语境词嵌入（Contextualized Word Embedding）时代了，这种模型可以很好地捕捉单词的上下文信息和多义性。与传统的词嵌入模型不同，语境词嵌入模型不是通过固定的词嵌入向量来表示单词的，而是通过上下文信息来生成动态的词嵌入向量的。这使得语境词嵌入模型可以更好地适应各种不同的语境和多义性。ELMo 可以更好地解决上下文信息和多义性的问题，为自然语言处理任务带来更好的效果。

尽管 ELMo 在自然语言处理任务中表现出色，但它仍然存在一些缺点：

（1）训练时间长。ELMo 需要在大规模语料库上进行训练，这需要大量的计算资源和时间。这导致 ELMo 的训练时间通常比其他词嵌入模型要长。

（2）参数量大。ELMo 需要训练大量的参数，包括多个双向循环神经网络和多个卷积神经网络。这些参数需要更多的内存和计算资源来训练与推理。

（3）可解释性差。ELMo 内部的结构比较复杂，很难解释模型是如何学习单词的上下文信息和多义性的。

（4）对于低频词表现不佳。ELMo 在处理低频词时可能会遇到问题，因为这些词在语料库中出现的次数很少，ELMo 可能无法很好地学习它们的上下文信息和多义性。

（5）需要更大的数据集。ELMo 需要在大规模数据集上进行训练，才能发挥它的最佳效果。如果数据集太小，可能会导致 ELMo 欠拟合，性能下降。

Seq2Seq（Sequence to Sequence）模型[8][9][10]，即序列到序列模型，如图 4-5 所示，就是一种能够根据给定的序列，通过特定的生成方法生成另一个序列的方法，同时这两个序列可以不等长。这种模型又叫编码器-解码器模型（Encoder-Decoder），它是 RNN 的一个变种，是为了解决 RNN 要求序列等长问题而出现的。

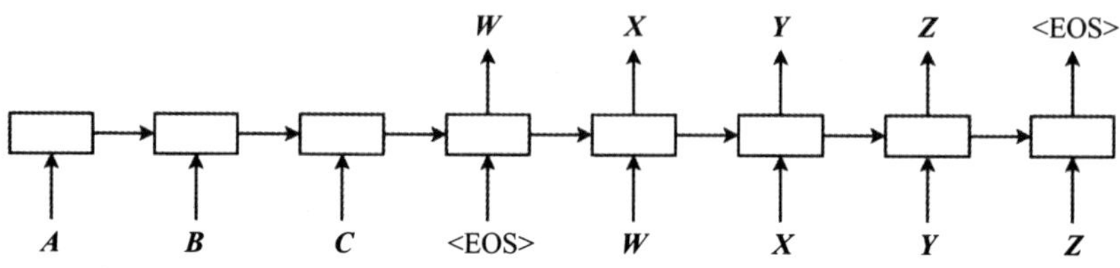

图 4-5　Seq2Seq 模型结构示意图

这种模型可以分为两部分：一部分是编码器，另一部分是解码器。

编码器主要负责将输入序列压缩成一个指定长度的向量，这个向量可以看作这个序列的语义表示，这个过程被称为“编码”。编码器的主要任务是提取输入序列的语义信息，以便在解码阶段使用。

在编码阶段，可以使用三种不同的方式获得语义向量：方法一是直接将最后一个输入的隐状态作为语义向量；方法二是对最后一个隐状态进行变换，从而得到语义向量；方法三是将输入序列的所有隐状态进行变换，从而得到语义向量。

解码器主要负责根据语义向量生成指定的序列，这个过程被称为“解码”。在解码阶段，可以使用 RNN 等模型根据语义向量生成输出序列。最简单的方法是将编码器得到的语义向量作为初始状态输入到解码器的 RNN 中，然后根据上一时刻的输出生成当前时刻的输出。在这个过程中，语义向量只作为初始状态参与运算，后面的运算都与语义向量无关。

在机器翻译领域，Seq2Seq 模型一直是一种非常有效的模型。然而，在注意力机制（Attention Mechanism）被引入之前，该模型存在一个严重的问题：对远距离信息的提取和记忆效果不佳，导致信息大量丢失。尽管注意力机制已经被引入，但由于对语句关系的捕捉能力不足，翻译效果仍然不够理想。原因在于，在这样的翻译任务中需要发现三种关系：源句内部的关系、目标句内部的关系和源句与目标句之间的关系。之前的 Seq2Seq 模型只捕捉了源句与目标句之间的关系，而忽略了源句、目标句内部的关系。因此，源句内部和目标句内部仍然在使用 RNN，其对远距离信息的捕捉能力仍然很差。

除了对远距离信息的捕捉能力不足，RNN 还有一个缺点：训练速度慢。由于它默认按照时序进行处理，一个个单词从左到右进行处理，导致 RNN 无法像 CNN 那样充分利用图形处理器的并行运算优势。因此，在引入注意力机制之后，研究人员开始尝试改进这种模型以解决这些问题。比如，引入自注意力机制（Self-Attention Mechanism）和 Transformer 模型，这些模型不仅可以更好地处理远距离信息，还可以充分利用图形处理器的并行计算优势，提高训练速度。在这些新模型的帮助下，机器翻译和其他自然语言处理任务的性能有了显著的提升。

自注意力机制的基本思想是，在处理输入序列时，根据序列中不同位置之间的相似度，计算一个权重系数矩阵，然后根据这个矩阵来计算序列中每个位置的表示。自注意力机制已被应用于各种任务，包括阅读理解、摘要概括、文本蕴涵和学习与任务无关的句子

表征。[11][12][13]

自注意力机制有三个输入：查询向量、键向量和值向量。对于每个查询向量，模型将其与序列中的每个键向量进行点积，然后通过 softmax 函数对点积结果进行归一化，得到一个与值向量相应的加权和。这个加权和是由所有键向量和对应的权重向量的加权得到的，这个权重向量表示每个键向量与查询向量的关联程度，因此也称为“注意力向量”。也就是说，自注意力机制中的每个位置都能够注意到其他位置，并计算出自己在整个序列中的重要程度。通过这种方式，自注意力机制可以有效地捕捉序列中的关键信息，从而提高模型的表现和性能。自注意力机制与传统的卷积神经网络和循环神经网络相比，具有更好的平行性和灵活性，可以更好地处理长序列数据，并且可以自适应地根据不同的输入序列动态调整权重，从而使模型更好地注意到不同位置的信息。

Transformer 模型[14]是一种基于自注意力机制的深度神经网络模型，用于处理序列数据，如图 4-6 所示，由 Google 在 2017 年提出。

Transformer 模型采用了自注意力机制，可以有效地捕捉输入序列中的长期依赖关系，并通过多头注意力机制（Multi-head Attention Mechanism）来实现多个位置之间的交互。Transformer 模型由编码器和解码器组成，其中编码器负责将输入序列转换为一个高维表示，解码器则负责将这个高维表示转换为输出序列。因此，Transformer 模型在处理长序列数据和提高模型的并行性方面有着更好的表现。

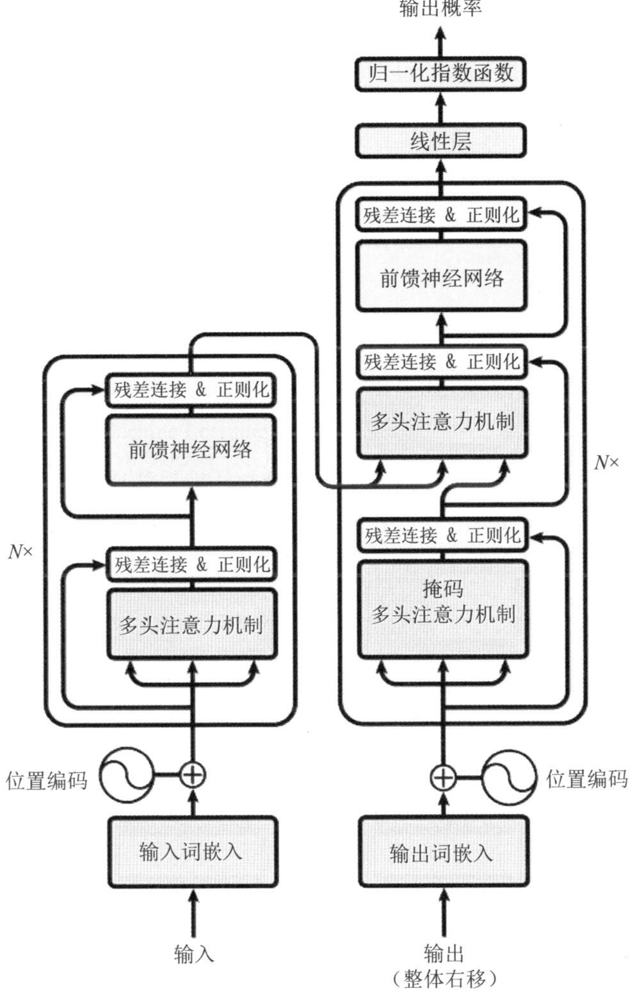

图 4-6　Transformer 模型结构示意图

在自然语言处理任务中，输入序列通常是单词或字符的序列，输出序列可以是单词或字符的序列，也可以是分类、生成或其他类型的任务。

在实践中，为了使模型学习到不同层次的抽象特征，通常会使用多头注意力机制。在多头注意力机制中，每个头都是独立的，会学习到不同的查询向量、键向量的投影矩阵，这种机制将输入序列分为多个子序列，对每个子序列分别计算注意力向量，并将它们拼接起来。这样可以使模型同时考虑多个关注方向，从而提高模型的表示能力和泛化能力。

Transformer 模型的自注意力机制的主要优点是可以处理任意长度的序列，不像循环神经网络需要按时间步处理，因此可以并行处理。同时，自注意力机制能够在序列中建立远距离的依赖关系，使模型能够处理复杂的序列关系。因此，Transformer 模型在自然语言处理任务中已经取得了很好的效果，并且成为现代自然语言处理的核心技术之一。

Transformer 模型已经被广泛应用于自然语言处理任务，如机器翻译、文本摘要、问答系统等。虽然 Transformer 模型在处理自然语言任务方面表现出色，但它也有一些缺点。下面我们分别了解一下它的优点和缺点。

优点：

（1）远距离依赖性。Transformer 模型引入了自注意力机制，可以捕捉序列中不同位置之间的远距离依赖关系，这是 RNN 所缺乏的。这意味着 Transformer 模型可以有效处理长序列输入，而不会出现信息丢失的问题。

（2）可以并行处理。与 RNN 不同，Transformer 模型可以并行处理输入序列，这可以大大提高训练速度，特别是在处理大规模数据集时。

（3）鲁棒性强。Transformer 模型对输入序列中的噪声和变化具有很强的鲁棒性。它可以自适应地学习如何忽略不重要的信息，从而提高模型的鲁棒性。

（4）效果好。在各种自然语言处理任务中，Transformer 模型都取得了比其他模型更好的效果，这表明了它在处理自然语言方面的优越性。

缺点：

（1）需要大量的参数。由于 Transformer 模型使用了多头注意力机制，因此它需要大量的参数来实现，这导致模型的训练和推理时间较长，同时需要更多的计算资源。

（2）可解释性不佳。相较于 RNN，Transformer 模型的内部结构比较复杂，很难解释模型是如何学习到输入序列的语义表示的。这也是它在可解释性方面存在的一个问题。

（3）对序列长度仍有限制。虽然 Transformer 模型可以处理长序列输入，但是对于非常长的序列，它仍然存在计算和内存方面的限制，可能无法有效处理超长序列输入。

4.2.4 后Transformer模型时代

自从 ELMo 出现后，自然语言处理领域的技术水平一直在不断提高。在 ELMo 的基础上，又出现了一系列的新模型和技术，这些模型和技术都以增强自然语言处理的效果为目标。它们在不同方面进行了优化，如双向性、自回归、更多数据和更长时间的训练等，从而取得了更好的效果。

1. GPT 模型

GPT[15] 是由 OpenAI 团队开发的一种基于 Transformer 的预训练语言模型。与 ELMo 不同的是，GPT 是单向的语言模型，它只使用左侧的上下文信息来预测下一个单词。GPT 通过在海量的文本语料库上进行预训练，从而学习到丰富的语言表示，可以被用于各种下游任务，如情感分析、机器翻译和问答系统等。

2. BERT 模型

BERT[16] 是由谷歌团队开发的一种基于 Transformer 的预训练语言模型。与 ELMo 和 GPT 不同的是，BERT 是双向的语言模型，它同时考虑上下文信息和未来信息，从而更好地捕捉单词的上下文信息和语法结构。BERT 通过在大规模文本语料库上进行预训练，从而学习到自然语言中的上下文信息和语法结构，可以被用于各种下游任务，如情感分析、文本分类和命名实体识别等。

3. XLNet 模型

XLNet[17] 是由 CMU 和谷歌联合开发的一种预训练语言模型。XLNet 是基于 Transformer-XL[18]，通过自回归和自注意力机制实现双向学习的语言模型。与 BERT 不同的是，XLNet 在计算条件概率时，采用了一种基于排列组合的方法，可以更好地处理自然语言中的多义性问题。

4. RoBERTa 模型

RoBERTa[19]是由 Facebook AI 研究人员开发的一种基于 BERT 的预训练语言模型。与 BERT 不同的是，RoBERTa 在训练过程中使用更多的训练数据和更长的训练时间，从而得到更好的语言表示。RoBERTa 在各种自然语言处理任务中都取得了优异的成绩，如情感分析、问答系统和命名实体识别等。

4.2.5 基于 Transformer 的预训练语言模型

T-PTLM[20]是一种基于 Transformer 的预训练语言模型。它在自然语言处理领域中取得了不错的成绩。

T-PTLM 是由多层 Transformer 网络组成的神经网络结构，可以学习到输入文本的高级语义表示。它的核心思想是利用大规模无标注数据进行预训练，学习到更加丰富和有效的语言表示，然后在下游任务中进行微调，从而提高模型的泛化能力和性能。

T-PTLM 采用了 Transformer 的编码器架构，其中包含了多头注意力机制和残差连接等技术。在预训练阶段，T-PTLM 通过自监督学习的方式从大规模无标注数据中学习语言表示，通过预测下一个单词或者遮蔽部分输入文本的方式，构建了一个与任务无关的预训练模型。在下游任务中，通过微调的方式，可以在小规模的标注数据上快速进行训练，从而达到更好的效果。

1. 监督学习、无监督学习、自监督学习

机器学习领域中有三种不同的学习方法，分别是监督学习（Supervised Learning，SL）、无监督学习（Unsupervised Learning，UL）和自监督学习（Self-Supervised Learning，SSL）。

监督学习，需要有大量带有标签的数据来进行训练。在训练过程中，模型通过将输入与标签进行比较来学习特征表示和分类器。监督学习作为一种广泛应用的机器学习方法，虽然在许多任务中取得了不错的效果，但仍有一些缺点：

（1）需要大量带有标签的数据。监督学习训练的模型需要在大量带有标签的数据上进行训练，而人工标注数据需要耗费大量的时间和人力成本。而且对于有些领域或任务，标注数据难以获取，因此监督学习难以应用于这些领域或任务。

（2）泛化能力受限。监督学习训练的模型往往只能在标注数据所涉及的数据分布上表现较好，对于在训练集中未曾出现过的样本，模型的泛化能力较差。

（3）数据偏差。由于数据的获取和标注过程中的主观因素，监督学习训练的模型可能会学习到数据本身的偏差和噪声，导致模型产生误差或出现不合理的预测。

（4）数据不平衡。在某些分类问题中，不同类别的样本数量可能存在明显的不平衡，导致训练出来的模型在小类别上的表现较差。

（5）模型过拟合。监督学习训练的模型可能会出现过拟合现象，即在训练集上表现较好，但在测试集或实际应用中表现较差。

无监督学习是一种不需要人工标注数据的机器学习方法，它通过对未标注数据的自动学习，学习到数据的潜在结构和特征，从而完成数据的聚类、降维、特征提取等任务。它的优点与缺点都非常明显。

优点：

（1）不需要人工标注数据。无监督学习不需要人工标注数据，因此可以避免耗费大量的人力和时间成本。这使得无监督学习可以用于一些难以获取标注数据的领域或任务。

（2）模型泛化能力强。无监督学习可以学习到数据的潜在结构和特征，从而具有较强的泛化能力，可以用于多种数据分布和任务。

（3）数据分布无偏见。无监督学习不依赖特定的数据分布或标注，因此可以避免数据分布偏见或标注错误的问题。

（4）可扩展性强。无监督学习具有较强的可扩展性，可以用于大规模数据集的处理和分析。

缺点：

（1）学习过程难以解释。由于无监督学习的目标是学习数据的潜在结构和特征，因此学习过程可能难以直观解释，使得模型的解释性较差。

（2）学习过程不可控。由于无监督学习缺乏人工标注数据的约束，学习过程可能难以控制，使得模型的学习效果不好或难以满足特定的任务需求。

（3）模型的性能不如监督学习。在某些任务中，由于缺乏标注数据的指导，无监督学习训练的模型性能可能不如监督学习训练的模型性能。

（4）学习过程的时间成本较高。由于无监督学习是在未标注数据上进行学习的，时间成本较高，因此需要更加高效的算法和硬件设备支持。

自监督学习是一种无须人工标注数据的机器学习方法，它通过从大规模无标注数据中自动学习特征表示，从而提高模型的泛化能力和学习效果。自监督学习利用数据本身的自然属性进行学习，不需要人工标注数据，因此可以极大地降低训练成本。同时，由于自监督学习，因此学习到的特征表示可以应用到多个下游任务中，可以提高模型的泛化能力。

相较于监督学习需要大量的标注数据，无监督学习和自监督学习都可以从未标注数据中学习特征表示，因此具有更广泛的应用前景，如图 4-7 所示。其中，自监督学习具有更多优势。比如，在自然语言处理领域，可以使用自监督学习训练一个语言模型，让它预测一段文本中缺失的词语或下一个单词是什么，这样就可以在无须人工标注的情况下训练模型。

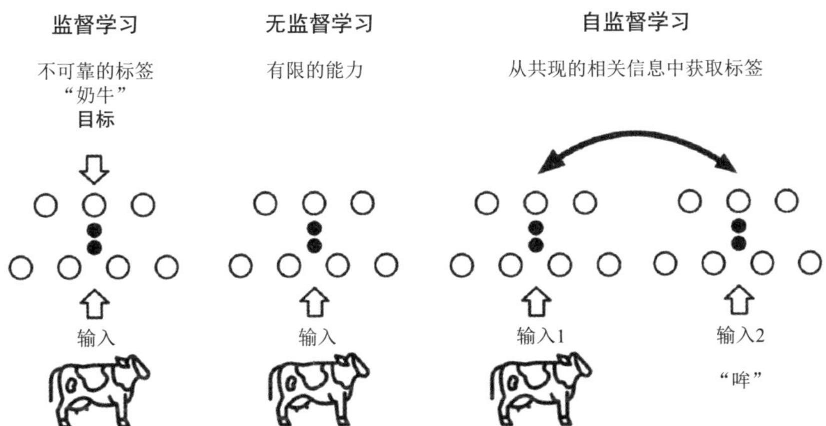

图 4-7　监督学习、无监督学习、自监督学习的对比[21]

自监督学习的核心思想是利用数据的内在结构和规律进行学习，从而学习到更加丰富和有效的特征表示。在计算机视觉领域，自监督学习可以通过对图像进行旋转、剪裁或色彩变换等操作，获取大量的无标注数据，再利用这些数据训练深度神经网络，从而提取更加丰富和有用的图像特征表示。

自监督学习已经在各种自然语言处理、计算机视觉和语音识别等领域得到了广泛应用。相比于传统的监督学习方法，自监督学习可以显著降低标注数据的成本，同时还可以更好地利用无标注数据，提高模型的泛化能力和学习效果。

目前常见的自监督学习主要有生成式、对比式、对抗式，如图 4-8 所示。

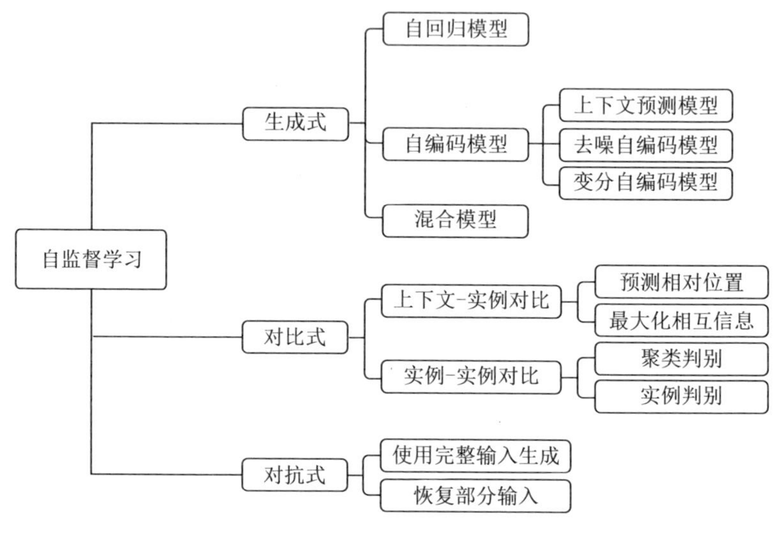

图 4-8　自监督学习的分类[21]

1）生成式自监督学习

生成式自监督学习是通过编码器-解码器模型完成的，主要包含自回归模型、自编码模型和混合模型。

（1）自回归模型是一种基于条件概率的语言模型，它使用前面的令牌（Token）来预测下一个令牌的概率分布。该模型通常使用递归神经网络或者自注意力机制来实现。在自回归模型中，每个令牌的生成都依赖前面所有已经生成的令牌，这种依赖关系形成了一种链式结构，因此这种模型也被称为“链式条件模型”。比如，GPT-1就是第一个基于自回归模型的预训练语言模型。

（2）自编码模型利用自编码器结构，将原始文本数据经过编码器映射到一个隐藏空间，然后在解码器中将隐藏空间的表示解码回原始文本，同时也预测被遮蔽的令牌。该模型的训练过程包括两个阶段：编码阶段和解码阶段。在编码阶段，模型将输入序列通过编码器转换成一组隐藏状态，这些隐藏状态是模型学习的特征表示。在解码阶段，模型将使用这些隐藏状态，将被遮蔽的令牌预测出来。

自编码模型的一个常见应用是掩码语言建模（Masked Language Modeling，MLM），模型通过预测被遮蔽的令牌来进行预训练，以便在后续其他任务上进行微调。BERT、RoBERTa 和 ALBERT[22] 等现代自然语言处理模型都使用了掩码语言建模技术进行预训练。

（3）混合模型是一种结合了自回归模型和自编码模型的优点的语言模型。混合模型可以同时考虑上下文信息和局部信息，从而提高了模型的生成能力和泛化能力。

混合模型的训练过程通常分两个阶段：第一个阶段使用自编码模型对原始数据进行预训练，使用双向上下文对掩码令牌进行编码，以学习输入文本的特征表示；第二个阶段使用预训练的特征表示，再基于编码的掩码令牌表示对原始令牌进行解码，即通过自回归模型来完成模型的训练和预测。

2）对比式自监督学习

在对比式自监督学习中，模型会尝试从数据中找出一些相似的样本，然后将它们的表征或特征靠近，使与之不相似的样本的表征或特征远离。这个过程是通过比较同一图像的不同变换视图来完成的，比如翻转、旋转、裁剪、遮盖等。通过将同一图像的不同变换视图看作相似的样本，将不同图像的变换视图看作不相似的样本，对比式自监督学习就可以学习到数据的表征或特征。

对比式自监督学习在图像、语音和自然语言处理等领域都有广泛的应用。在自然语言处理领域，BERT 模型就是基于对比式自监督学习的方法进行预训练的。BERT 模型中的下一句预测和 AlBERT 模型中的语序预测就是对比式自监督学习的两个典型的例子，主要用于预训练模型的句法学习。下一句预测模型的任务是判断给定的句子对是否是连续的两个句子，而语序预测模型的任务是判断给定的两个句子是否是互换的。这两个任务都可以用于对句子级别的语义信息进行学习，进而提高模型在下游自然语言处理任务中的性能。

3）对抗式自监督学习

对抗式自监督学习使用对抗的方式来学习数据的表征或特征。该方法通过训练两个神经网络模型来实现：一个是生成器（Generator），另一个是鉴别器（Discriminator）。在对抗式自监督学习中，生成器试图从随机噪声中生成类似于真实数据的样本，而鉴别器则尝试区分生成器生成的样本和真实数据的样本。生成器的训练目标是欺骗鉴别器，使得鉴别器无法区分生成器生成的样本和真实数据的样本，而鉴别器的训练目标则是尽可能准确地区分生成器生成的样本和真实数据的样本。通过反复训练这两个模型，对抗式自监督学习可以逐渐学习到数据的表征或特征。

在图像领域，生成对抗网络（Generative Adversarial Networks，GAN）是一种典型的对抗式自监督学习方法。在自然语言处理领域，TextGAN、SeqGAN 等模型也是基于对抗式自监督学习方法生成文本的。

2. 预训练 + 微调模式

在现代自然语言处理中，基于大量未标注数据进行预训练并在小的特定任务数据集上进行微调已经成为一种标准的方法。

这种方法的优势在于：

（1）利用大量未标注数据进行预训练，可以学习到通用的语言表示，提高模型的泛化能力。

（2）在微调阶段，预训练模型提供了良好的初始化，可以避免从头开始训练下游模型。只需添加一到两个特定的层，就可以使预训练模型适应下游任务。

（3）在小数据集的情况下，预训练模型可以帮助模型更好地执行，从而减少了对大量已标注数据的需求。

（4）预训练模型提供了良好的初始化，因此可以避免对小数据集的过拟合。

（5）预训练模型可以适应不同的任务，也可以通过微调进行迁移学习。这意味着，预训练模型能够更好地满足实际应用的需求。

预训练 + 微调模式是一种常见的深度学习模型的训练策略，这种训练策略分为两个阶段：预训练和微调，如图 4-9 所示。

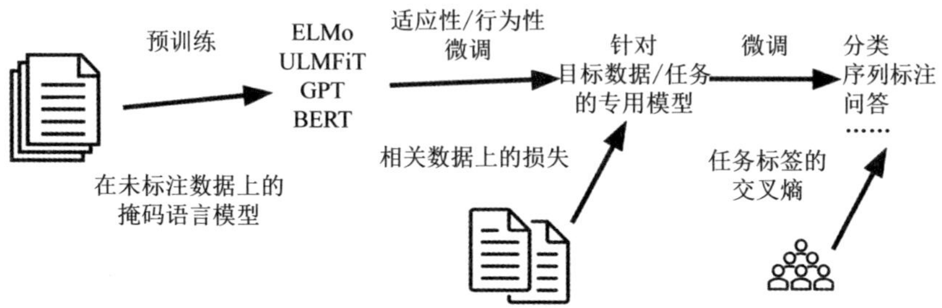

图 4-9 预训练 + 微调模式示意图

在预训练阶段，使用大量无标注数据对模型进行预训练，以学习数据的表征或特征。在自然语言处理领域，预训练通常使用大规模的文本语料库，比如维基百科、新闻语料库等。在计算机视觉领域，预训练通常使用图像数据集，比如 ImageNet。预训练通常采用自监督学习方法，比如对比式自监督学习、自编码模型、自回归模型等，以训练一个通用的特征提取器。预训练的目的是通过学习大规模无标注数据的特征，提高模型的泛化能力。

预训练的具体步骤如下：

（1）构建语料库。构建一个大规模的文本语料库，该语料库可以是来自互联网的各种文本数据集，如维基百科、新闻、社交媒体等。在从多个来源获得的更大的文本语料库上对模型进行预训练，可以进一步提高模型的性能。

（2）生成词汇表。对于每个文本数据，需要对其进行分词，并将每个单词转换为对应的词向量表示。这些词向量可以使用预训练的词嵌入模型（如 Word2Vec 或 GloVe）或深度神经网络从头学习。

词汇包含所有独特的字符、常用的单词。为了生成词汇表，可以在预训练语料库上使用任何一种标记器。不同的 T-PTLM 使用不同的标记器，这可能会导致它们生成不同大小的词汇表。

（3）设计预训练任务。在预训练期间，该模型通过基于一个或多个预训练任务最小化损失来学习语言表示。预训练任务要有足够的挑战性，能够使模型在单词、短语、句子或文档级别语义学习中提供更多的训练信号，使模型在较少的预训练语料库的情况下学习更多的语言信息。

（4）选择预训练方法。使用自监督学习方法从头开始训练新模型的成本非常高，而且会花费大量的预训练时间。相比之下，可以采用知识继承型预训练在将通用模型调整到特定领域时，进行后续的连续预训练或适应和迁移。此外，为了在有限的特定领域语料库中预训练特定领域的模型，可以使用通用语料库和领域内语料库的预训练方法。

（5）选择预训练动态。预训练动态（Pretraining Dynamics）通过精心设计的预训练选项，如动态掩蔽、大批量、更多预训练步骤和长输入序列，可以进一步提高模型的性能。在预训练的早期阶段线性提高学习率（类似 warm up 策略），在不同的层使用不同的学习率，有助于加速模型收敛。BERT 模型就是使用小批量静态屏蔽的句子对进行预训练的。

在微调阶段，使用少量标注数据对模型进行微调，使其适应特定任务，如文本分类、图像分类、目标检测等。通常，微调包括在预训练模型顶部添加额外层或者对预训练模型的部分层进行调整，以适应不同任务。在这个阶段，我们可以采用梯度下降等优化方法来训练模型，以最小化模型在训练集上的损失函数。微调的目标是提高模型在特定任务上的准确性和性能。

3. 预训练模型的分类

基于 Transformer 的预训练模型共分为三类：编码器预训练模型、解码器预训练模型、编码器-解码器预训练模型，如图 4-10 所示。

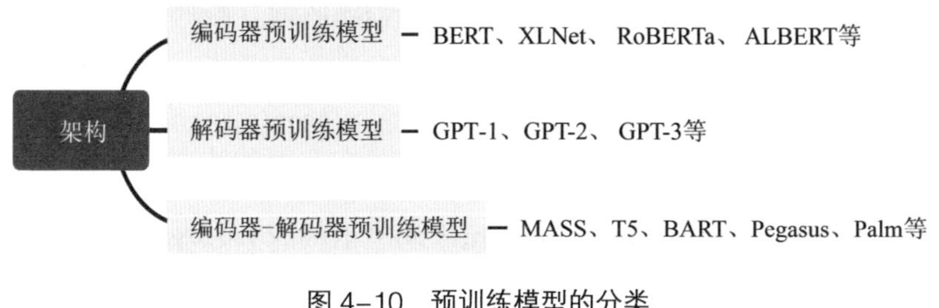

图 4-10　预训练模型的分类

1）编码器预训练模型

编码器预训练模型使用了预训练技术来提高模型的性能。在这种模型中，使用的是仅包含编码层的神经网络结构，而解码层则被移除了。

编码器预训练模型的训练方式通常使用语言模型，即在大型文本语料库上训练模型，使其能够对自然语言进行编码和理解。

目前，许多开源的编码器预训练模型已经被开发出来，比如

BERT、RoBERTa、XLNet、ALBERT 等等。这些模型已经在多种自然语言处理任务中证明了它们的有效性，如文本分类、语言生成、机器翻译、问答系统等。同时，由于这些模型可以通过微调模式进行特定任务的微调，使得使用者能够在小型或特定领域的数据集上快速构建高效的自然语言处理模型，具有广泛的应用前景。

2）解码器预训练模型

解码器预训练模型使用的是仅包含解码层的神经网络结构，而编码层则被移除了。相比于编码器预训练模型，解码器预训练模型在生成文本上更有优势。

解码器预训练模型通常使用掩码语言模型进行预训练，即在大型文本语料库上训练模型，使其能够对自然语言进行生成和理解。在这个过程中，模型被要求生成一个与给定文本类似但不完全相同的句子，以此来训练它的生成能力。在预训练过程中，模型还使用了一些技巧，如注意力机制、位置编码等，以提高模型的表现能力。

当前，最知名的解码器预训练模型是 GPT 系列，其中包括 GPT-1、GPT-2[23] 和 GPT-3[24] 等。这些模型可以应用于多种自然语言处理任务中，如文本生成、对话系统、问答系统等。使用者可以在特定领域的数据集上对这些模型进行微调，以获得更好的性能，使它们具有广泛的应用前景。

3）编码器-解码器预训练模型

编码器-解码器预训练模型将编码器和解码器组合在一起，以实现文本的生成和理解。这种模型结合了编码器预训练模型和解码器预训练模型的优点，可以适应更广泛的自然语言处理任务。

在编码器-解码器预训练模型中，编码器被用于将输入句子编码成语义向量，解码器则使用该向量生成与输入句子相关的输出。模型使用掩码语言模型进行预训练，以在大型文本语料库上学习生成能力。在预训练过程中，模型还使用了多头自注意力机制和位置编码等技巧，以提高模型的性能。

当前，最知名的编码器-解码器预训练模型是基于 Transformer 的 Seq2Seq 模型，包括 MASS[25]、T5[26]、BART[27]、Pegasus[28] 和 Palm[29] 等。这些模型已被证明在文本摘要、机器翻译、问答系统等任务中表现出色。使用者可以在特定领域的数据集上对这些模型进行微调，以获得更好的性能。编码器-解码器预训练模型在自然语言处理领域有着广泛的应用前景。

4. BERT 与 GPT 的比较

BERT 和 GPT 都是当前最先进的自然语言处理预训练模型之一。虽然它们都基于 Transformer 架构，但它们的设计和用途有很大的不同，如图 4-11 所示。

（1）模型架构。BERT 采用了双向 Transformer 编码器结构，能够理解整个句子的语义，同时也支持多种任务的微调。而 GPT 则采用单向 Transformer 解码器结构，主要用于生成任务，如文本生成、对话生成等。

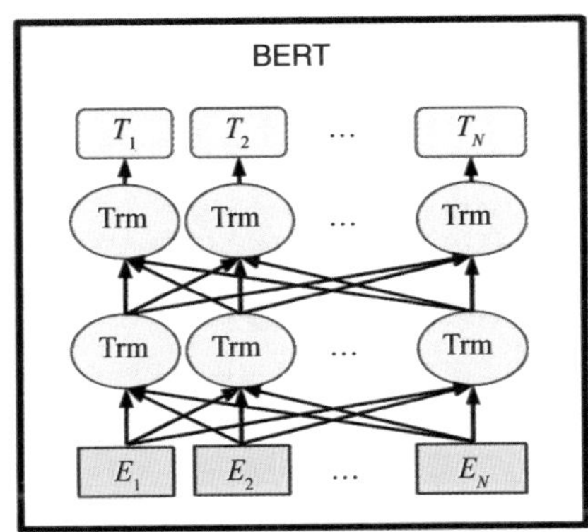

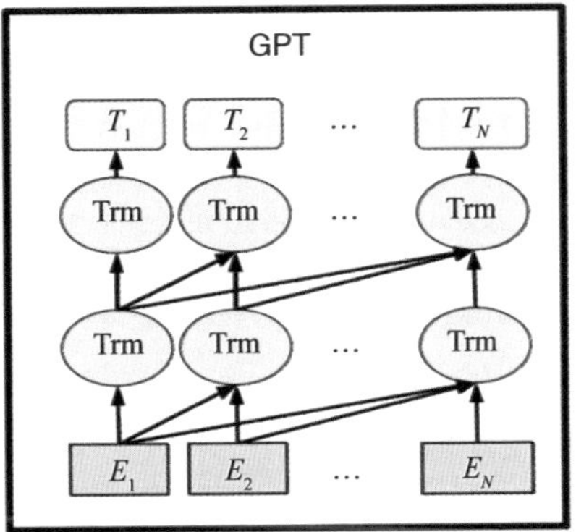

图 4-11　BERT 与 GPT 的对比

（2）预训练任务。BERT 的预训练任务主要是掩码语言模型和下一句预测任务，以学习句子中单词的上下文信息和句子之间的关系。而 GPT 则采用掩码语言模型，通过预测掩码位置上的单词来学习句子的上下文信息，以生成更自然的文本。

（3）预训练数据集。BERT 使用了大规模无标注数据集，如维基百科、BookCorpus 等。而 GPT 则使用了类似的大型语料库，如 WebText、Stories 等。

（4）微调任务。BERT 的微调任务涵盖了多种自然语言处理任务，如情感分析、命名实体识别、问答系统等。而 GPT 则主要用于生成任务，如文本生成、对话生成等。

（5）模型规模。GPT-3 是当前最大的预训练模型，包含 1750 亿个参数，而 BERT-Large 只有 3.4 亿个参数。这也使得 GPT-3 在自然语言生成任务上表现得非常出色，但在其他任务上可能略逊于 BERT。

总体来说，BERT 和 GPT 在设计和用途上有很大的不同。BERT 适合多任务学习和下游任务的微调，而 GPT 则更适合生成任务。同时，GPT-3 在自然语言生成方面的表现要优于 BERT。不过，在选择预训练模型时，需要结合实际需求和应用场景综合考量。

4.3 GPT 系列比较

GPT 系列是 OpenAI 提出的一种非常强大的预训练语言模型，可以在复杂的自然语言处理任务中取得惊人的成绩，如文本生成、对话生成、机器翻译和问答系统等，而不需要使用监督学习进行模型微调。GPT 系列的模型需要大量的训练语料、大量的模型参数（见表 4-1）和巨大的计算资源，才能实现这种强大的功能。GPT 系列的模型结构采用了不断堆叠 Transformer 架构的思想，并通过不断提升训练语料的规模和质量，以及网络的参数数量来完成迭代更新。GPT 系列的成功，证明了通过不断提升模型容量和语料规模，模型的能力可以得到不断提升。

表4-1　GPT系列模型参数数据表

模型	发布时间	参数量（个）	预训练数据量
GPT-1	2018年6月	1.17亿	约5GB
GPT-2	2019年2月	15亿	40GB
GPT-3	2020年5月	1750亿	45TB

OpenAI 于 2018 年 6 月发布了 GPT-1。开发者的关键发现

是，将 Transformer 架构与无监督学习相结合可以产生有前途的结果。GPT-1 被微调用于特定任务，以实现“强大的自然语言理解”。GPT-1 使用了包含 7000 本未出版书籍的 BookCorpus 数据集，在原始 Transformer 架构的基础上基本保持不变。该模型有 1.17 亿个参数。GPT-1 是通用语言能力语言模型的重要基石。它证明了语言模型可以有效地进行预训练，这有助于它们被良好地推广。该架构可以在非常小的微调下执行各种自然语言处理任务。

2019 年 2 月，OpenAI 推出了 GPT-2，它虽然比 GPT-1 大，但很多方面非常相似。二者的主要区别在于 GPT-2 可以进行多任务处理。GPT-2 的出现，表明训练更大的数据集并拥有更多参数，可以提高语言模型理解任务的能力，并超越了零样本设置中许多任务的最新技术水平；更大的语言模型将更擅长对自然语言的理解。为了创建一个广泛、高质量的数据集，研发者们爬取了 Reddit 网站，并从该网站上投票文章的外部链接中提取了数据。由此得到的 WebText 数据集包含来自 800 多万个文档的 40GB 文本数据，比 GPT-1 的数据集要大得多。GPT-2 在 WebText 数据集上进行训练，有 15 亿个参数，比 GPT-1 多很多倍。

为了构建一个更强大、更稳健的语言模型，2020 年 5 月，OpenAI 构建了 GPT-3 模型。它的数据集和模型都比用于 GPT-2 的数据集和模型大了两个数量级：GPT-3 有 1750 亿个参数，是在 5 种不同的文本语料库混合的情况下训练的，数据集比 GPT-2 的要大得多。GPT-3 的架构与 GPT-2 基本相同。它在零样本和少样本设置下的下游自然语言处理任务中表现良好。

GPT-3 具有编写与人类编写的文章难以区分的文章的能力。它还可以执行从未明确训练过的即时任务，如对数字求和、编写 SQL 查询语句，甚至可以根据任务的普通英语描述编写 React 和 JavaScript 代码。在开发 GPT-3 期间，OpenAI 尝试了不同的模型。他们采用了现有的 GPT-2 架构并增加了参数数量，由此产生了 GPT-3，它具有非凡的能力。尽管 GPT-2 在下游任务中展现了一些零样本学习的功能，但是当给出示例上下文时，GPT-3 可以执行更多的新颖任务。

OpenAI 最初以有限的测试用户列表的形式发布对应用程序接口（API）的访问权限。申请过程中，OpenAI 要求申请人填写一份详细说明他们的背景和请求 API 访问权限的原因的表格。只有经过批准的用户才能获得 API 的私人测试版访问权限，此界面称为“Playground”。

4.3.1 三版GPT对比

GPT 陆续发布了第 1 版、第 2 版和第 3 版，它们之间的区别体现了大语言模型的发展历程。下面我们从 5 个方面对这三个版本进行比较。

1. 网络结构

虽然 GPT-1、GPT-2 和 GPT-3 都是基于 Transformer 架构的预训练语言模型，但是它们在网络结构上存在一些差异。

1）GPT-1 的网络结构

GPT-1 采用了单向 Transformer 的解码器结构，其中包含 12 个 Transformer 解码层。每个层包括 2 个子层，即多头自注意力机制层和前馈神经网络层，如图 4-12 所示。

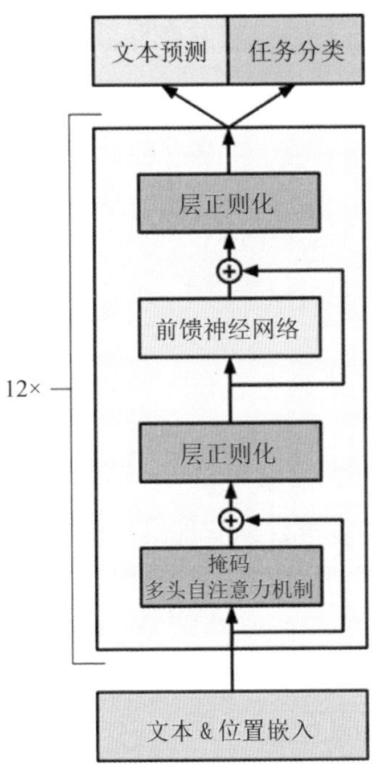

图 4-12　GPT-1 的网络结构示意图

2）GPT-2 的网络结构

相比于 GPT-1，GPT-2 增加了模型的深度和参数量。它使用了

24 个 Transformer 解码层，并且每个层的隐藏层大小为 768 个单元。GPT-2 还采用了掩码语言模型，用于训练模型生成与上下文相关的文本。

3）GPT-3 的网络结构

GPT-3 在 GPT-2 的基础上又增加了参数量，包含 1750 亿个参数。它使用了 96 个 Transformer 解码层，并且每个层的隐藏层大小为 12 288 个单元。GPT-3 采用了多种不同的模型结构，包括单向、双向、半自回归和完全自回归等。此外，GPT-3 还拥有一些新的特性，如零样本学习和一些新的文本生成技术。

2. GPT 训练数据

GPT-1 采用的是 BooksCorpus 数据集，其中包括 7000 本未出版的书籍。研发者选择这个数据集的原因主要有两个：一是这个数据集包含更长的上下文依赖关系，因此能够更好地训练模型去学习长期依赖关系；二是由于这些书籍未出版，在下游数据集中很难找到它们的踪迹，因此可以更好地验证模型的泛化能力。

GPT-2 的数据来源于 Reddit 网站上的文章，数据集名为 WebText，包含 800 多万个文档，大小约 40GB。为了避免与测试集冲突，WebText 删除了涉及维基百科的文章。

GPT-3 训练了 5 个不同的文本语料库，分别是低质量的 Common Crawl，高质量的 WebText2、Books1、Books2 和维基百科。GPT-3 为每个数据集分配了不同的权重，权重越高的数据集在训练时被抽样的概率越大，因此能够更好地训练模型。

3. GPT 训练任务

1）GPT-1：无监督学习

GPT-1 的无监督学习是基于语言模型进行预训练的，给定一个无标签的序列 $U=\{u_1,\cdots,u_n\}$，语言模型的优化目标是最大化下面的似然值：

$$L_1(u)=\sum_i \log P(u_i \mid u_{i-k},\cdots,u_{i-1};\Theta) \tag{4-1}$$

式中，k 是滑动窗口的大小，P 是条件概率，Θ 是模型的参数。这些参数使用随机梯度下降[30]（Stochastic Gradient Descent，SGD）进行优化。

在 GPT-1 中，使用了 12 个 Transformer 块的结构作为解码器，每个 Transformer 块都是一个多头自注意力机制，然后通过全连接得到输出的概率分布。

$$h_0=U\boldsymbol{We}+\boldsymbol{Wp} \tag{4-2}$$

$$h_l=\text{transformer\_block}\left(h_{l-1}\right)\forall i\in[1,n] \tag{4-3}$$

$$P\left(u\right)=\text{softmax}\left(h_n W_e^T\right) \tag{4-4}$$

式中，$U=\{u_{-k},\cdots,u_{-1}\}$ 是当前时间片的上下文令牌，n 是层数，$\boldsymbol{We}$ 是词嵌入矩阵，$\boldsymbol{Wp}$ 是位置嵌入矩阵。

2）GPT-2：多任务学习

GPT-2 旨在训练一个泛化能力更强的词向量模型，所以它在

GPT-1 的基础上做了略微修改，并使用更多的网络参数和数据集。

GPT-2 的学习目标是使用无监督学习的预训练模型做有监督的任务。因为文本数据的时序性，一个输出序列可以表示为一系列条件概率的乘积：

$$P(x)=\prod_{i=1}^{n} P(s_n \mid s_1,\cdots,s_{n-1}) \tag{4-5}$$

式（4-5）可以理解为 $P(s_{n-k},\cdots,s_n \mid s_1,s_2,\cdots,s_{n-k-1})$，现实意义是指根据已知的上文信息 $\text{input}=\{s_1,s_2,\cdots,s_{n-k-1}\}$ 预测未知的下文信息 $\text{output}=\{s_{n-k},\cdots,s_k\}$，即语言模型可以表示为 $P(\text{output} \mid \text{input})$。对于监督学习，可以建模为 $P(\text{output} \mid \text{input},\text{task})$ 的形式。在 decaNLP[31] 中，可以使用 MQAN 模型对机器翻译、自然语言推理、语义分析等 10 类自然语言处理任务建模为一个分类任务，而无须单独为每个子任务建立独立模型。

基于此，GPT-2 认为当一个语言模型足够大时就可以覆盖所有的监督学习任务，即所有的监督学习任务都是无监督学习语言模型的一个子集。例如，当模型训练完“Micheal Jordan is the best basketball player in the history.”这个语言模型之后，模型便也学会了（问题：“Who is the best basketball player in the history ？”答案：“Micheal Jordan.”）这个问答任务。

综上，GPT-2 的核心思想是：任何一个监督学习任务都是语言模型的一个子集，当模型的容量非常大且数据量足够丰富时，仅仅靠训练语言模型的学习便可以完成其他监督学习任务。

3）GPT-3：海量参数

GPT-3 展现了惊人的能力，仅仅通过零样本或少样本学习就能在下游任务中表现得非常出色。除了一些常见的自然语言处理任务，GPT-3 还在很多极具挑战性的任务上表现得十分惊人，比如撰写人类无法分辨是机器所写还是人类所写的文章、编写 SQL 查询语句以及编写 React 或 JavaScript 代码等。然而，这些强大的能力是建立在 GPT-3 的 1750 亿参数、45TB 的训练数据以及高达 1200 万美元的训练成本基础之上的。

4. GPT 参数

GPT 系列模型参数对比，如表 4-2 所示。

表4-2　GPT系列模型参数对比表

模型	详情
GPT-1	• 使用字节对编码（Byte Pair Encoding，BPE）[32]，共有40 000个字节对 • 词编码的长度为768个单元 • 位置编码长度为3072个单元 • 12层Transformer，每个Transformer块有12个头 • Batch Size为64 • 模型参数量为1.17亿个
GPT-2	• 使用字节对编码，共有50 257个字节对 • 滑动窗口大小为1024个令牌 • 24层Transformer，每个Transformer块有24个头 • 层标准化详解移动到每一块的输入部分，在每个自注意机制之后额外添加了一个层标准化详解 • 将残差层的初始化值用 $1/\sqrt{N}$ 进行缩放，其中 N 是残差层的个数 • 模型参数量为15亿个

续表

模型	详情
GPT-3	• 96层Transformer，每个Transformer块有96个头 • 词向量长度为12 888个单元 • 上下文窗口大小为2048个令牌 • 使用了Alternating Dense和Locally Banded Sparse Attention[33] • 模型参数量为1750亿个

5. GPT 性能

在 12 个监督学习任务中，GPT-1 在 9 个任务中表现优异，超过了其他 SOTA（“State Of The Art”的缩写，指当前某个领域最好的、最先进的）模型。此外，GPT-1 在完成零样本学习任务时的表现更加稳定，并且随着训练次数的增加，其性能逐渐提升，表明它具有很强的泛化能力，并且可以用于与监督学习任务无关的其他自然语言处理任务。GPT-1 证明了 Transformer 在学习词向量方面的强大能力，使用 GPT-1 得到的词向量可以提高下游任务的泛化能力。对于下游任务的训练，GPT-1 只需进行简单的微调就可以取得出色的成绩。虽然 GPT-1 在未经微调的任务中也有不错的表现，但是它的泛化能力远不如经过微调的监督学习任务的模型，说明它只是某个领域的专家，而不是通用的语言学家。

GPT-2 在 8 个语言模型任务中，仅通过零样本学习就有 7 个超过了 SOTA 模型。此外，在 Children’s Book Test 数据集上的命名实体识别任务中，GPT-2 超过了 SOTA 模型约 7%；在 LAMBADA 数据集中，GPT-2 将困惑度从 99.8 降到了 8.6，证明了其拥有捕捉长期依赖关系的能力；在阅读理解数据集中，GPT-2 超过了 4 个基准模型中的 3 个。GPT-2 在法译英任务中也取得了很好的成绩，但比起有监督学习的 SOTA 模型要稍差一些。GPT-2 尽管在文本总结方面表现得不好，但它的完成效果与有监督学习的模型非常接近。

GPT-3 的表现令人惊叹。在大量的语言模型数据集中，GPT-3 在零样本或少样书学习中超过了绝大多数 SOTA 模型。此外，在一些复杂的自然语言处理任务中，如闭卷问答、模式解析和机器翻译等，GPT-3 在微调后也超过了 SOTA 模型。除了传统的自然语言处理任务，GPT-3 在一些非常不同的领域，如数学加法、文本生成和编写代码等方面也都取得了非常显著的成果。

4.3.2 提示词学习

在计算机科学和自然语言处理领域，提示词是指一种文本片段或文本模板，用于引导和规范机器生成的文本。提示词是一种人工智能模型的输入形式，它可以作为机器生成的文本的开头或引导，以便控制机器生成的文本方向，确保生成的文本满足特定的条件和要求。

提示词可以是任何形式的文本，比如一个问题、一个简短的描述、一个单词列表、一段文字、一篇文章，甚至是一个完整的对话。提示词的作用是让机器生成的文本更加贴近预期的结果，并且在生成文本时给予更大的控制性和方向性，从而提高生成文本的质量和相关性。

提示词被广泛应用于各种自然语言处理任务，比如机器翻译、自然语言生成、问答系统、文本分类和信息检索等。在许多自然语言处理任务中，提示词的设计和使用是提高模型性能和效果的关键因素。

1. 提示词学习的简单介绍

提示的目的是利用预训练语言模型更好地挖掘其能力。

从字面意思来看，Prompt 就是“提示”的意思。举个例子，当有人遗忘了某件事情时，如果我们给予特定的提示，那么他可能会回想起来。比如，我们提供一个相关的线索“李白”，他自然而然会想到“诗人”。

对自然语言处理任务来说，提供一个线索给预训练语言模型，可以帮助它更好地理解人类的问题。预训练语言模型（包括 BERT、BART 和 ERNIE）可以根据人类提出的问题和线索提供正确的答案，如图 4-13 所示。

根据提示，BERT 能够回答“JDK 是由 Sun 公司（已被 Oracle 公司收购）研发的”。

根据提示，BART 能够知道人类想要询问的是“文章的摘要”。

根据提示，ERNIE 能够知道人类想要询问“鸟类的能力”。

图 4-13　提示词学习示意图[34]

举例来说，你在情感分类任务中，输入“今天天气真好！”，希望模型输出“积极 / 消极”中的一个标签。你就可以设置一个提示词，比如，“我感觉非常________”，然后让模型给出表示情感状态的答案，如“开心”“糟糕”等，将空缺处填上合适的词语，最后再将答案转化为情感分类的标签作为输出。

2. 提示词学习的一般流程

1）构造提示词[34]模板

在上述例子中，x =“今天天气真好！”，首先设计一个提示词模板：“我感觉非常 [z]”。在实际研究中，[z] 是需要模型进行填充的空位，[z] 的位置和数量决定了提示词的类型。比如，根据 [z] 位置的不同，可以将提示词分为句中提示词（[z] 在句中）和句末提示词（[z] 在句末）。具体选择哪一种，取决于任务形式和模型类别。

至于提示词模板的选择，大致可以分为人工选择和自动学习两大类。自动学习又包含离散式和连续式两类。

2）构造提示词答案空间的映射

比如，上述例子的答案可能是“开心”“糟糕”等。构建答案空间能够重新定义任务的目标，使得任务从输出“积极”或“消极”标签转变为选择合适的词语填空，从而使情感分类任务转变为语言模型构建任务。在这种情况下，如何定义标签空间和答案空间之间的映射就十分关键了。

构建答案空间同样需要选择适当的形式和方法。在提示词学习中，答案可以有三种形式：字词、片段、句子。在选择方法上，同样可以分为人工选择和自动学习两种。

3）答案预测

要进行预测，首先需要选择适合的预训练语言模型。在实际应用中，可以根据不同的预训练模型特点进行适配。不同类型的预训练模型适合搭配不同类型的提示词，比如，从左到右语言模型适合搭配句末提示词。

在选择完模型后，为了支持更多的下游任务，可以考虑对当前的提示词模板进行模式上的拓展。比如，将之前的单个提示词拓展成多个提示词，使模型能够更加灵活地适应更多的下游任务。这种拓展不仅可以提高模型的适应性和性能，还可以更好地满足现实应用的需求。

4）映射答案标签

最终的结果需要根据之前定义好的映射将预测到的答案与实际任务中的标签匹配。

根据不同的应用场景，还需要从数据和参数的角度对整体策略进行调整。从数据的角度来看，需要考虑应用场景是零样本学习、少样本学习还是完整数据学习；从参数的角度来看，需要考虑不同的调优策略，包括模型参数处理、提示词参数处理等，以适配相应的场景。这些调整可以提高模型的性能和应用能力，让它更好地适应各种任务。

3. 提示词学习的优势

1）提示词调优

提示词学习技术的应用使得几乎所有的自然语言处理任务都可以被视为语言模型任务，而不是生成任务。这种技术通过重新定义任务的形式，将下游任务转化为一种语言模型任务，从而使预训练语言模型可以更加灵活地适应不同的任务，提高模型的性能和应用能力。

微调技术的应用可以让预训练语言模型适配下游任务，即根据任务的具体需求微调预训练模型。而提示词学习技术则是通过任务的重新定义，让下游任务适应预训练语言模型的能力。提示词学习技术使得任务不再是对预训练模型的迁移，而是将任务转化为一种语言模型任务，从而提高了预训练模型的效率。通过提示词学习技术，预训练模型可以完成更多不同类型的下游任务，从而极大地提升了模型的性能和应用能力。

2）改变自然语言处理模式

在很长的一段时间里，自然语言处理技术的发展出现了四种主要模式：全监督学习（非神经网络）、全监督学习（神经网络）、预训练＋微调、预训练＋提示＋预测。这一发展历程使得下游任务与预训练模型之间的距离越来越近。在传统的监督学习中，并没有预训练语言模型的概念，而随着神经网络技术的不断进步，预训练模型的能力得到了大幅提升，可以承担的任务也变得越来越复杂；对一个预训练语言模型来说，微调技术仿佛是对每个任务都进行定制化了，十分不高效；而提示技术的出现则进一步推动了预训练模型的发展，让模型可以更加深入地理解任务，并能够承担更多的任务类型，包括输出层的任务。

4. 常用的提示词学习

1）GPT-2 的零样本学习

GPT-2 使用的提示词模板属于离散式和人工选择的结合，其核心思想是语言模型本身就是无监督的多任务学习。

GPT-2 的研发者认为，如果语言模型足够优秀，那么在拟合 *P*（output|input）的过程中，也会学习到 *P*（output|input,task）的信息，因为自然语言处理任务本身的信息就可以在预训练语料中得到丰富的体现。GPT-2 的创新之处在于将语言模型视为无监督多任务模型，

而不仅仅是一个用于生成文本的模型。因此，GPT-2 正是基于零样本学习的场景进行的，旨在证明优秀的语言模型可以直接用于各种下游任务，而无须进行微调。

同时，GPT-2 的研发者通过在原始输入中添加与任务相关的提示词来实现让模型针对不同的任务进行预测。

归功于 GPT-2，提示技术才得以快速发展。GPT-2 通过探索模型在零样本学习场景下的能力，无意中开启了提示技术的大门。因此，GPT-2 的贡献不仅在于提升了语言模型的性能，更在于为自然语言处理技术的发展带来了重要的思路和方向。

2）GPT-3 的少样本学习

GPT-3 使用的提示词模板属于离散式、人工选择和提示词增强的结合，其核心思想是最大限度地提升模型的参数量及训练数据量，最终参数量达到 170B，在零样本学习、少样本学习上已经可以比肩微调模式。

研发者在对 GPT-3 的研究中提出了“语境学习”（In-Context Learning）这一概念，即利用上下文信息进行学习，也被称为类比学习、上下文学习，同时可以被归类为多提示词中的提示词增强方案。研发者在 GPT-2 零样本学习的基础上，提出了单样本学习和少样本学习两种方案的提示词增强构建方式。随着模型参数的增加，单样本学习和少样本学习方案的效果都有了显著的提升，如图 4-14 所示。

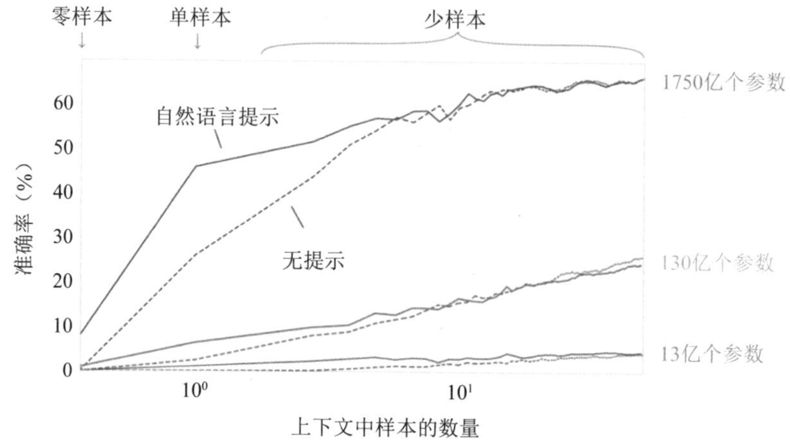

图 4-14　GPT-3 的学习效果

接下来，我们就以 GPT-3 在“Translate English to French”这个任务上提示词的构建方案为例，解释它是如何学习的。

（1）零样本学习：单个提示词，仅包含任务描述 + 提示词。

Translate English to French：

cheese =>

（2）单样本学习：提示词增强，包含任务描述 + 一个示例 + 提示词。

Translate English to French：

sea otter => loutre de mer

cheese =>

（3）少样本学习：提示词再次增强，包含任务描述 + 多个示例 + 提示词。

Translate English to French：

sea otter => loutre de mer

peppermint => menthe poivrée

plush giraffe => girafe en peluche

cheese =>

“语境学习”这一概念完美诠释了提示词增强带来的学习效果。带答案的样本输入，其实做了和任务描述相似的事情，即让待预测的输入处于和预训练文本中与任务相关的语料相似的上下文。相比任务描述本身，带答案的样本更接近自然的上下文语境。而随着模型参数的增加，少样本学习和单样本学习方案带来的效果提升也更为显著。

GPT-3 的出现推动了语境学习技术的发展，并推动了模型参数规模的不断增长，已达到 10 亿级别，随后的 FlAN、PaLM 和 LaMDA 等模型都达到了相同的规模。然而，GPT-3 在后续模型中引出了“思维链”（Chain of Thought，CoT）这一概念，更加证实了大模型的可行性。

4.4 ChatGPT 的由来

4.4.1 从GPT-3到ChatGPT的发展历程

2020 年 7 月，OpenAI 发布了一篇关于初代 GPT-3 模型的论文，命名为“Davinci”。

2021 年 7 月，OpenAI 发布了关于 Codex 的论文，初代 Codex 使用 Github 及竞赛上的代码在原有的 GPT-3 模型上进行微调，演变成 API 中的 Code-cushman-001。

2022 年 3 月，OpenAI 发布了指令调优（Instruction Tuning）的论文，监督微调的部分对应了 Instruct-davinci-beta 和 Text-davinci-001，为初代 InstructGPT。

2022 年 4 月至 7 月，OpenAI 开始对 Code-davinci-002 模型进行 Beta 测试，正式成为 Codex。之后，Text-davinci-002、Text-davinci-003 和 ChatGPT 都是从 Code-davinci-002 进行指令调优得到的。

2022 年 5 月至 6 月，OpenAI 发布了 Text-davinci-002 模型，该模型是基于 Code-davinci-002 的有监督指令调优模型，正式成为 InstructGPT。在 Text-davinci-002 上进行指令调优虽然可能会降低模型的上下文学习能力，但是增强了模型的零样本学习能力。

2022 年 11 月，Text-davinci-003 和 ChatGPT 发布，它们是使用人类反馈强化学习（Reinforcement Learning from Human Feedback，RHLF）方式指令调优模型的两种不同变体。Text-davinci-003 恢复上下文学习能力，进一步提升了零样本学习能力。而 ChatGPT 似乎舍弃了几乎所有的上下文学习能力，以换取强大的对话建模能力。

ChatGPT 的发展历程，如图 4-15 所示。

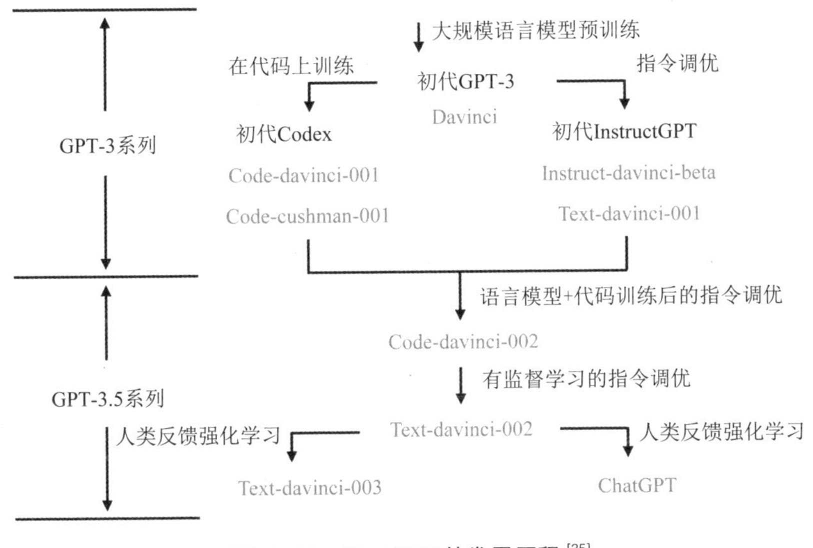

图 4-15　ChatGPT 的发展历程 [35]

4.4.2　思维链提示——引出复杂推理能力

初代 GPT-3 模型的思维链推理能力非常有限，甚至没有。然而，Code-davinci-002 和 Text-davinci-002 是两个具备强大思维链推理能力的模型。

思维链提示（Chain-of-Thought，CoT）[36] 是指一种特殊情况下的指令示范，通过引发对话代理的逐步推理来生成输出。使用思维链提示的模型是使用带有逐步推理的人工标注的指令数据集进行训练的。

具体方法是，通过将问题、中间推理步骤和最终答案的人工示例添加到测试输入的前面，从而使大语言模型通过上下文学习学会逐步解决问题，而标准提示的效果很差，如图 4-16 所示。

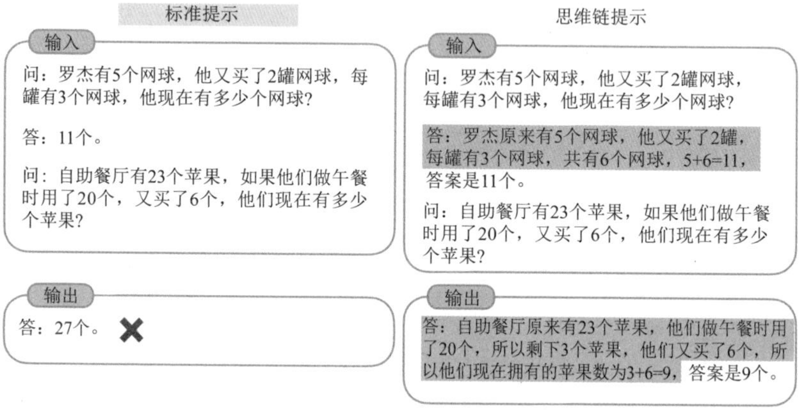

标准提示

输入

问：罗杰有5个网球，他又买了2罐网球，每罐有3个网球，他现在有多少个网球？

答：11个。

问：自助餐厅有23个苹果，如果他们做午餐时用了20个，又买了6个，他们现在有多少个苹果？

输出

答：27个。✖

思维链提示

输入

问：罗杰有5个网球，他又买了2罐网球，每罐有3个网球，他现在有多少个网球？

答：罗杰原来有5个网球，他又买了2罐，每罐有3个网球，共有6个网球，5+6=11，答案是11个。

问：自助餐厅有23个苹果，如果他们做午餐时用了20个，又买了6个，他们现在有多少个苹果？

输出

答：自助餐厅原来有23个苹果，他们做午餐时用了20个，所以剩下3个苹果，他们又买了6个，所以他们现在拥有的苹果数为3+6=9，答案是9个。

图 4-16　标准提示与思维链提示的对比 [36]

人们对思维链提示做了相关研究，发现思维链提示在算术、常识和符号推理任务上的表现更好。同时，思维链提示也对无害性问题非常有效，有时甚至比人类反馈强化学习的方式更好，而且对于敏感问题，模型不会回避并生成“抱歉，我无法回答这个问题”的回答。

4.4.3　InstructGPT——与人类对齐，引出ChatGPT

1. 任务

InstructGPT[37] 的提出是研发者希望通过按照用户的意图来训练模型，使其更加满足用户的需求。用户的意图既包括显式的，如遵循指令，也包括隐式的，如生成的文本需要保持准确性，而且不能生成带有偏见有害的文本。因此，InstructGPT 基于 RHLF 方式微调

GPT-3，使其可以遵循用户指令，然后将人类的偏好作为奖励信号用于微调模型。InstructGPT 的工作流程，如图 4-17 所示。

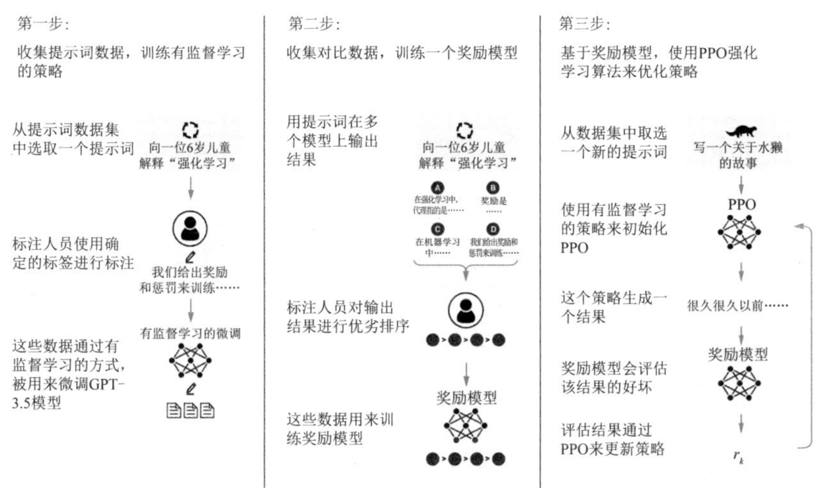

图 4-17　InstructGPT 工作流程示意图

InstructGPT 最初的版本，仅能很好地与标注人员、研究人员的偏好对齐，而不能与更大范围内的所谓的人类价值观对齐。

2. 数据

GPT 提示词数据集大多来自用户使用 OpenAI API 时产生的数据，研究人员需要过滤掉可能包含个人信息的提示词。提示词中 96% 的语言是英语，其他数据则包括至少 20 种语言。同时，标注人员也手写了部分提示词。

为了确保标注人员对不同人群偏好的敏感性，并且能够识别模型输出中潜在的有害性，特意设计了标注人员的筛选测试，以筛选出合格的标注人员。筛选测试包括以下四项内容：

（1）敏感言论标注的一致性。构建了一个包含提示词以及对应回复的集合，其中一些属于敏感内容。让研究人员对数据进行标记，并让标注人员也进行标记，最后比对二者的一致性。

（2）排序的一致性。从 API 接收到的提示词中挑选部分内容，然后让模型生成多个回复。让研究人员对这些回复进行排序，并让标注人员也进行排序，最后比对二者的一致性。

（3）敏感文本的示范。构建一个包含敏感提示词的集合，让标注人员撰写回复。然后，对这些回复进行打分，最后计算每个人的平均得分。

（4）对敏感文本的辨别能力。让标注人员回答他们能够识别哪些主题或与文化群体相关的敏感言论。

3. 模型

InstructGPT 模型是基于 GPT-3 模型优化训练得到的，其训练模型主要包括三种：

（1）基于监督学习的微调模型。采用精心标注的数据对 GPT-3 进行微调。

（2）奖励模型。以上述模型为基础，以提示词、答案为输入，以标量奖励为输出，训练一个奖励模型。

（3）强化学习模型。采用 PPO 算法，微调基于监督学习的模型。

从 GPT-3 到 InstructGPT，输出效果上之所以有质的飞跃，得益于其中的指令调优、RHLF 技术。指令调优在原理上也是一种微调方法，它与微调的区别在于它抽象到了指令层面，更加适用于生成模型，因此也更加高效。RHLF 的流程如下：

第一步：收集提示词集合。该集合包括用户通过 OpenAI API 发布的请求以及专业标注人员手写的提示词。标注人员根据给定的提示词编写用户希望得到的结果，基于此，在 GPT-3 上进行监督学习。

第二步：在更大的提示词集合上，通过微调给出多个提示结果，让标注人员标注出不同输出之间的顺序，基于此，训练一个奖励模型，用于预测人类的偏好。

第三步：采用近端策略优化[38]（Proximal Policy Optimization，PPO）算法，基于第二步训练得到奖励模型，微调第一步训练得到监督学习版本的 GPT-3 模型，最终得到 InstructGPT。

第二步和第三步可以持续交替进行。

4. 指令调优

指令调优[39]（Instruction tuning），是指在一组通过指令描述的数据集上对原有的语言模型进行微调，可以在很大程度上提升了模型的零样本学习能力。谷歌团队基于 GPT-3 利用更少的参数进行指令调优，调优后的结果在 25 个任务中的 19 个上显著超越了 GPT-3。

谷歌团队在指令调优上的核心思想是：在面对给定任务 A 时，首先让模型在大量不同类型的任务上进行微调。微调的过程包括将任务的指令和数据拼接在一起（类似于提示词），然后给出任务 A 的指令进行推断。

指令调优巧妙地结合了预训练 + 微调 + 提示模式的优势，通过在微调过程中引入监督学习，从而提高语言模型在推理时对文本交互的响应能力。如图 4-18 所示，（C）结合了（A）和（B）的训练方法，具有较好的完成效果。

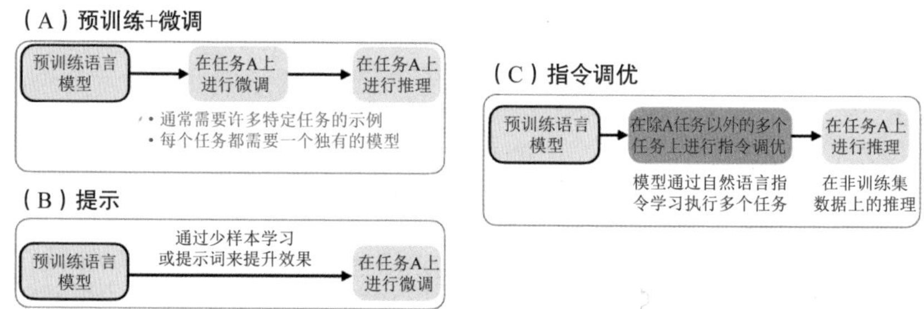

图 4-18　预训练 + 微调、提示与指令调优的对比 [39]

如果在执行自然语言推理任务时，首先将语言模型在其他任务上进行微调，比如翻译任务、常识推理任务等。（在面对翻译任务时，可以给出指令“请将这句话翻译成西班牙语”；在面对常识推理任务时，可以给出指令“请预测下面可能发生的情况”。）当模型根据这些指令完成微调阶段的各种任务后，在面对从未见过的最终需要完成的自然语言推理任务的指令“这段话能从假设中推导出来吗？”时，就能更好地调动已有的知识回答问题。

而 OpenAI 则借鉴了谷歌关于指令调优的技术，通过对调用 OpenAI API 接口产生的数据进行优化，结合 RHLF 最终得到了 InstructGPT。

4.4.4 ChatGPT的出现

ChatGPT 是基于 GPT 的自然语言生成模型，它在自然语言处理领域产生了巨大的影响，作为自然语言处理领域的重要里程碑，对该领域的发展产生了深远的影响，同时它验证了大模型时代到来的可能性，对人工智能行业产生了深远的影响。

一方面，ChatGPT 作为一个对话生成模型，它不仅可以被用于构建智能客服系统、虚拟助手等，为用户提供更加智能、更加自然的对话体验，提高了智能对话的上线；还解决了 AI 文本生成、AI 代码生成、多模态生成等领域的痛点。

另一方面，ChatGPT 作为 AI 行业的重要转折点，为 AIGC 行业带来了更多的可能，再一次引发了人工智能行业的热潮，更有可能拉开了通往通用人工智能（Artificial General Intelligence，AGI）的序幕。

4.5 参考资料

[1] HARRIS Z S. Distributional structure[J]. Word, 1954, 10(2-3): 146-162.

[2] MIKOLOV T, CHEN K, CORRADO G, et al. Efficient estimation of word representations in vector space[J]. arXiv preprint arXiv:1301.3781, 2013.

[3] LECUN Y, BOTTOU L, BENGIO Y, et al. Gradient-based learning applied to document recognition[J]. Proceedings of the IEEE, 1998, 86(11): 2278-2324.

[4] ELMAN J L. Finding structure in time[J]. Cognitive Science, 1990, 14(2):179-211.

[5] HOCHREITER S, SCHMIDHUBER J . Long Short-Term Memory[J]. Neural Computation, 1997, 9(8):1735-1780.

[6] CHUNG J,GULCEHRE C,CHO K H, et al. Empirical evaluation of gated recurrent neural networks on sequence modeling[J]. arXiv preprint arXiv:1412.3555, 2014.

[7] PETERS M , NEUMANN M , Iyyer M , et al. Deep Contextualized Word Representations[J]. 2018.

[8] BAHDANAU D, CHO K, BENGIO Y. Neural machine translation by jointly learning to align and translate[J]. arXiv preprint arXiv:1409.0473, 2014.

[9] CHO K, Van MERRIëNBORE B, GULCEHRE C, et al. Learning phrase representations using RNN Encoder-Decoder for statistical machine translation[J]. arXiv preprint arXiv:1406.1078, 2014.

[10] SUTSKEVER I, VINYALS O, Le Q V. Sequence to sequence learning with neural networks[J]. Advances in Neural Information Processing Systems, 2014, 27.

[11] CHENG J, DONG L, LAPATA M. Long short-term memory-networks for machine reading[J]. arXiv preprint arXiv:1601.06733, 2016.

[12] PARIKH A P, TäCKSTRöM O, DAS D, et al. A decomposable attention model for natural language inference[J]. arXiv preprint arXiv:1606.01933, 2016.

[13] PAULUS R, XIONG C, SOCHER R. A deep reinforced model for abstractive summarization[J]. arXiv preprint arXiv:1705.04304, 2017.

[14] VASWANI A, SHAZEER N, PARMAR N, et al. Attention is all you need[J]. Advances in Neural Information Processing Systems, 2017, 30.

[15] RADFORD A, NARASIMHAN K, SALIMANS T, et al. Improving language understanding by generative pre-training[J]. 2018.

[16] DEVLIN J, CHANG M W, LEE K,et al. Bert:Pre-training of deep bidirectional transformers for language understanding[J]. arXiv preprint arXiv:1810.04805, 2018.

[17] YANG Z, DAI Z, YANG Y, et al. Xlnet:Generalized autoregressive pretraining for language understanding[J]. Advances in Neural Information Processing Systems, 2019, 32.

[18] DAI Z, YANG Z, YANG Y, et al. Transformer-xl:Attentive language models beyond a fixed-length context[J]. arXiv preprint arXiv:1901.02860, 2019.

[19] LIU Y, OTT M, GOYAL N, et al. Roberta:A robustly optimized bert pretraining approach[J]. arXiv preprint arXiv:1907.11692, 2019.

[20] KALYAN K S, RAJASEKHARAN A,SANGEETHA S. Ammus:A survey of transformer-based pretrained models in natural language processing[J]. arXiv preprint arXiv:2108.05542, 2021.

[21] LIU X, ZHANG F, HOU Z, et al. Self-supervised learning: Generative or contrastive[J]. IEEE Transactions on Knowledge and Data Engineering, 2021, 35(1): 857-876.

[22] LAN Z, CHEN M, GOODMAN S, et al. Albert: A lite bert for self-supervised learning of language representations[J]. arXiv preprint arXiv:1909.11942, 2019.

[23] RADFORD A, WU J, CHILD R, et al. Language models are unsupervised multitask learners[J]. OpenAI blog, 2019, 1(8): 9.

[24] BROWN T, MANN B, RYDER N, et al. Language models are few-shot learners[J]. Advances in Neural Information Processing Systems, 2020, 33: 1877-1901.

[25] SONG K, TAN X, QAIN T, et al. Mass: Masked sequence to sequence pre-training for language generation[J]. arXiv preprint arXiv:1905.02450, 2019.

[26] RAFFEL C, SHAZEER N, ROBERTS A, et al. Exploring the limits of transfer learning with a unified text-to-text transformer[J]. The Journal of Machine Learning Research, 2020, 21(1): 5485-5551.

[27] LEWIS M, LIU Y, GOYAL N, et al. Bart: Denoising sequence-to-sequence pre-training for natural language generation, translation, and comprehension[J]. arXiv preprint arXiv:1910.13461, 2019.

[28] ZHANG J, ZHAO Y, SALEH M, et al. Pegasus:Pre-training with extracted gap-sentences for abstractive summarization[C]//International Conference on Machine Learning. PMLR, 2020: 11328-11339.

[29] CHOWDHERY A, NARANG S,DEVLIN J, et al. Palm: Scaling language modeling with pathways[J]. arXiv preprint arXiv:2204.02311, 2022.

[30] RUDER S. An overview of gradient descent optimization algorithms[J]. arXiv preprint arXiv:1609.04747, 2016.

[31] MCCANN B, KESKAR N S, XIONG C, et al. The natural language decathlon: Multitask learning as question answering[J]. arXiv preprint arXiv:1806.08730, 2018.

[32] SENNRICH R, HADDOW B, BIRCH A. Neural machine translation of rare words with subword units[J]. arXiv preprint arXiv:1508.07909, 2015.

[33] CHILD R, GRAY S, RADFORD A, et al. Generating long sequences with sparse transformers[J]. arXiv preprint arXiv:1904.10509, 2019.

[34] LIU P, YUAN W, FU J, et al. Pre-train, prompt, and predict: A systematic survey of prompting methods in natural language processing[J]. ACM Computing Surveys, 2023, 55(9): 1-35.

[35] YAO F. How does GPT Obtain its Ability? Tracing Emergent Abilities of Language Models to their Sources[EB/OL]. Notion, 2022-12[2023-04]. https://yaofu.notion.site/How-does-GPT-Obtain-its-Ability-Tracing-Emergent-Abilities-of-Language-Models-to-their-Sources-b9a57ac0fcf74f30a1ab9e3e36fa1dc1.

[36] WEI J, WANG X, SCHUURMANS D, et al. Chain of thought prompting elicits reasoning in large language models[J]. arXiv preprint arXiv:2201.11903, 2022.

[37] OUYANG L, WU J, JIANG X, et al. Training language models to follow instructions with human feedback[J]. arXiv preprint arXiv:2203.02155, 2022.

[38] SCHULMAN J, WOLSKI F, DHARIWAL P, et al. Proximal policy optimization algorithms[J]. arXiv preprint arXiv:1707.06347, 2017.

[39] WEI J, BOSMA M, ZHAO V Y, et al. Finetuned language models are zero-shot learners[J]. arXiv preprint arXiv:2109.01652, 2021.

第5章

硅之声——语音合成、克隆与变换

空中几处闻清响，欲绕行云不遣飞。

——顾况

5.1 语音合成系统与模型

语音合成，又称文语转换（TTS），涉及声学、语言学、数字信号处理、计算机科学等多种学科技术，是中文信息处理领域的一项前沿技术，解决的主要问题就是如何将文字信息转化为可听的声音信息，也即让机器像人一样开口说话。这里所说的“让机器像人一样开口说话”与传统的声音回放设备（系统）有着本质上的区别。传统的声音回放设备（系统），如磁带录音机，是通过预先录制声音然后回放来实现“让机器说话”的。这种方式无论是在内容、存储、传输还是在方便性、及时性等方面都存在很大的局限。而通过计算机语音合成则可以将任意文本实时转换成具有高自然度的语音，从而真正实现让机器“像人一样开口说话”。

近年来随着AI技术的进步，语音合成技术也得到了长足发展，使得合成的语音在音质及自然度上都同真人说话基本相似。

一个完整的语音合成系统如图5-1所示。语音合成过程是先将文本序列转换成音素序列，再由系统根据音素序列生成语音波形。其中第一步涉及语言学处理，比如分词、字音转换，以及一整套有效的韵律控制规则；第二步需要先进的语音合成技术，系统按需要实时生成高质量的语音流。因此一般说来，语音合成系统都需要一套复杂的从文本序列到音素序列的转换程序，也就是说，语音合成系统不仅要用到数字信号处理技术，而且要有大量语言学知识的支持。

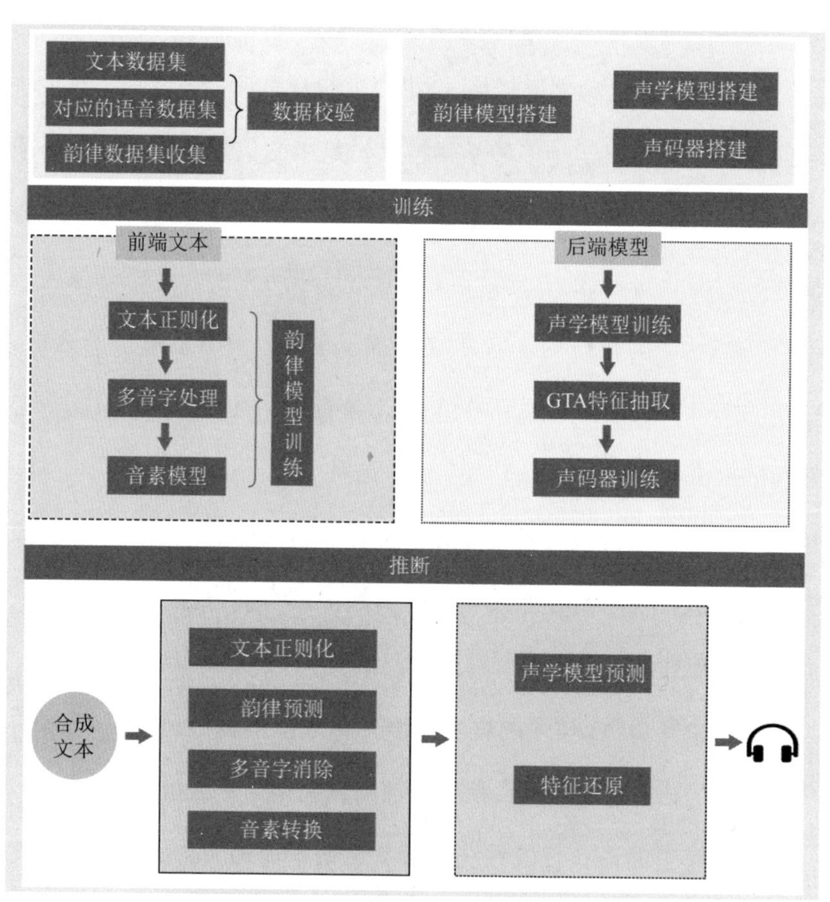

图 5–1　完整的语音合成系统

语音合成系统经过长时间的发展，由最初的拼接合成，到参数合成，逐渐达到了现阶段感情充沛的端到端合成。最新一代端到端合成降低了对语言学知识的要求，可批量实现多语种的合成，且语音的自然度高。目前的思路都是基于两阶段训练法，即声学模型训练和声码器训练。声学模型是将语言学特征、音素或文本序列转换成声学特征；声码器是将语言学特征或声学特征转换成语音波形。端到端语音合成在一定程度上弥补了拼接合成和参数合成存在的部分缺陷。端到端合成通过直接输入文本或者注音字符，跳过声码器训练阶段，对文本或者文本特征及语音直接建模，减少了对声码器的依赖，弱化了前端概念。

5.1.1 声学模型

2017 年，谷歌提出了 Tacotron[1] 模型，这标志着端到端声学模型的萌芽。这种模型的出现，省去了烦琐的文本标记过程，只需要输入音素和音频特征就可以让模型自动学习音素和音频特征之间的对应关系。这种模型可以实现更快速和更精确的语音合成。

2018 年年底，谷歌提出了 Tacotron2[2] 模型，进一步提高了语音合成的质量。最近，TransformTTS[3] 模型和 FastSpeech[4] 模型的提出也进一步增强了合成效果，使得合成的语音更加自然、流畅，更接近人类的语言表达。

这些端到端声学模型的出现，不仅大大简化了语音合成的流程，降低了合成难度，还提高了语音合成的质量和自然度。这些声学模型的应用范围也越来越广泛。例如，可以用于智能语音助手、自动语音客服、语音合成技术等领域，为人们带来更便捷和更智能的语音交互体验。

1. Tacotron 模型

Tacotron 模型如图 5-2 所示，是一种自回归结构，合成速度慢，有时会出现跳音或者漏字问题。为了解决这些问题而提出的 FastSpeech 模型，语音生成速度提高了 38 倍，实时性在 CPU 上进一步提高到 10 字 /200ms，并且解决了跳字漏字问题，也可以调节合成的语音速度，效果优于 Tacotron 自回归模型的最好表现。

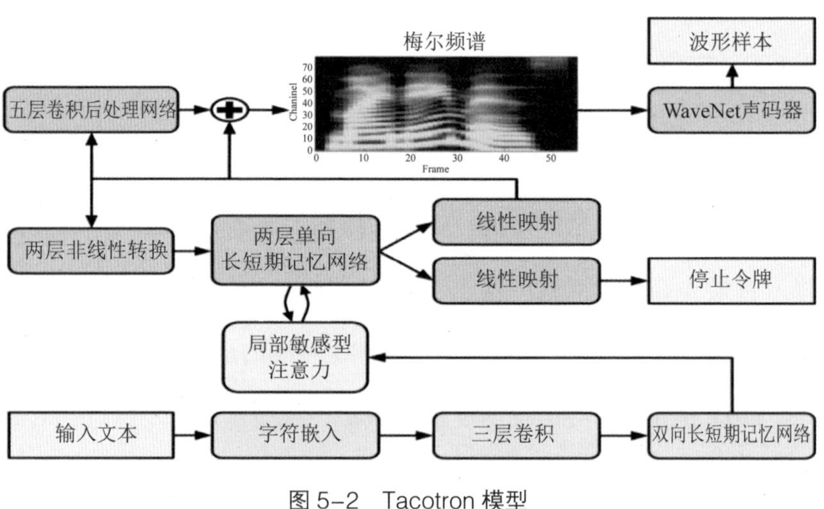

图 5-2　Tacotron 模型

2. FastSpeech 模型

FastSpeech 2[5] 模型的时长自动对齐方式由 Teacher-student 的蒸馏式改为外部的 MFA 对齐方式，并加入基频和能量特征联合建模。FastSpeech 和 FastSpeech 2 模型结构分别如图 5-3 和图 5-4 所示。

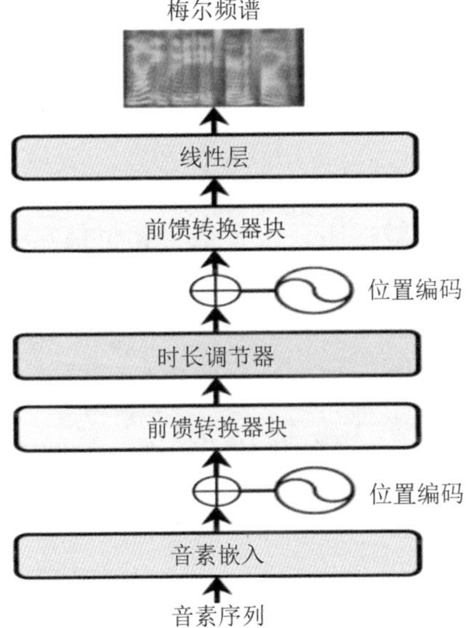

图 5-3　FastSpeech 模型

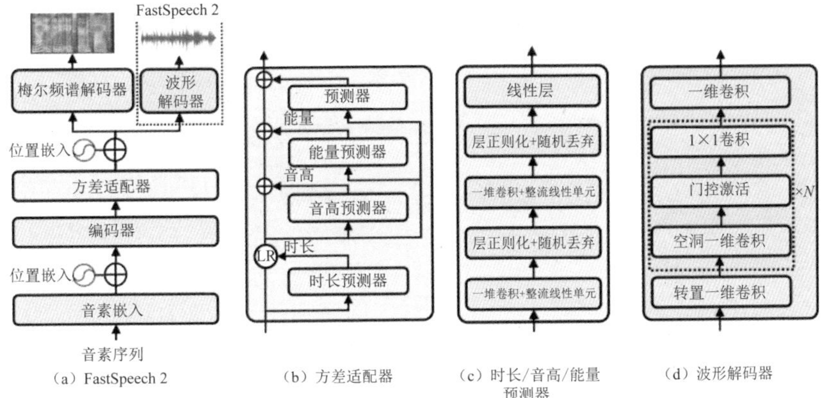

图 5-4　FastSpeech 2 模型

5.1.2 声码器

传统的统计参数合成是通过信号处理将频域信号转换为时域信号输出的过程。这个过程中常用的算法有 world vocoder 和 griffin vocoder 等，它们的优点是算法简单、快速。然而，它们的缺点也很明显，即音质损失比较严重，以及信号相位信息丢失导致的输出信号音质较差。

为了解决上述问题，基于神经网络的声码器走上了舞台。2016 年，谷歌提出了 Wavenet[6] 结构的声码器（见图 5-5），将输出音质提高到了一个新的高度。其思路是直接对音频进行建模，从而获得和真人相似的音质。相比传统方法，Wavenet 的优点在于其不会造成严重的音质损失，同时能够保留更多的信号相位信息，从而使输出的音频更保真。

图 5-5 Wavenet 声码器

由于音频文件存在长依赖，因此 Wavenet 可以利用 30 多层隐藏层来捕捉上千个点的信息。然而，由于音频的高度复杂性，对于

16k 的音频而言，每秒 16 000 个点，生成速度非常缓慢，1 秒的音频需要 40 分钟的生成时间。即使用 Fast Wavenet[7] 结构，1 秒的音频仍需要 1 分钟以上的生成时间。

为了加快生成速度，谷歌于 2018 年年底发布了 Parallel Wavenet[8]，可以并行生成音频。然而，为了捕捉长依赖信息，需要使用 60 多层隐藏层，在 GPU 上才能勉强实现实时合成。

2019 年，出现了基于 1 层新式 RNN 结构的 Wavernn，其效果与 Wavenet 相近，合成 1 秒的音频在 CPU 上仅需要 1 秒。然而，对于音频合成来说，这样的速度仍然太慢。同时，LPCNet[9] 结构也出现了，其结构与 Wavernn 相似，并结合了数字信号处理和神经网络。LPCNet 合成 1 秒的音频仅需要 400 毫秒，大大提高了合成速度，使得基于神经网络的合成方法在业界逐渐普及。

2020 年，利用 GAN 网络来对音频进行建模取得了很好的进展，特别是使用 ParallelWaveGAN、MelGAN 和 Multiband_MelGAN 等，使得音频合成速度大幅度提高，目前可以实现每合成 10 秒音频只需 70 毫秒的速度。至此，基于神经网络的音频合成方法已经基本成熟并得到了广泛应用。

5.2 语音合成相关技术

个性化语音合成展现出了巨大的应用前景，如虚拟人声合成、自动配音等。除了按照要求合成丰富多样的语音，这些应用还特别期望在少量数据的条件下，可以将指定的文本合成在音色和音质上都可媲美单人语音合成的高质量音频。但由于人类自然语音的表现力很强，体现在说话人音色和韵律上的变化很多样，并且相关数据量较少，导致建模有难度，所以这种用少量语音数据去做语音合成任务是很有挑战性的。

另一方面，声音变换在未来也有着广阔的应用前景。当你在打游戏时，你确定跟你一起双排的队友真的像你听到的一样是个小姐姐吗？声音变换技术就是在保持说话内容不变的同时，用另一个音色说出想说的话。是的，这项技术除了能进行简单的变调，还可以改变音调和音色。比如在一些特定场合，你不想让对方知道自己的真实性别时，声音转换技术就可以帮你把自己的声音“打上马赛克”来保护你的个人隐私。同样，你听到的声音，也不一定都是“真”的！所以在某些涉及财产等敏感信息的语音通话中，一定要多留个心眼，提高防诈骗意识！

5.2.1 声音克隆

声音克隆是一种深度学习算法，可接收个人的语音记录并合成与原始语音非常相似的语音。通过语音合成技术想要得到一个新的音色，需要定制音库，但是定制音库所耗费的人力成本和时间成本巨大，成为产业升级的屏障。而声音克隆一般是指一次性语音合成或小样本语音合成，即只需要少量的参考音频就可以合成该音色的语音，不必收集大量该音色的音频数据进行训练。声音克隆属于语音合成的一个小分类，想要合成一个人的声音，可以收集大量该说话人的音频数据进行分析（一般需要至少 5 个小时总时长的 6000 多条数据），训练相应的语音合成模型，也可以用说话人的一句话来实现克隆方案。声音克隆模型的本质是进行语音合成的声学模型。

目前现有的声音克隆技术主要有以下两种低资源、个性化的语音合成算法策略。

一种是从一条参考语音中提取一个隐向量（代表说话人身份、韵律或说话风格等特征），然后模型在合成语音时将此隐向量加到文本特征上。这种方法不需要任何微调步骤即可适应新说话人。但该类方法严重依赖于预训练数据集的泛化程度，所以常常在合成新说话人的语音时表现出较差的合成效果。

另一种更主流的策略是采用预训练 + 微调的方法，即先用一个较大的多位说话人语料数据集做模型预训练，然后用目标说话人的少量数据去对模型进行微调。这种基于自回归语音合成的策略目前仍存在合成速度慢，重复吐词或漏词，无法细致控制语速、韵律和停顿等问题，在一些对实时性和合成质量要求较高的场景中较难应用。而非自回归的语音合成模型，虽然在合成速度、错字漏字、语速韵律的可控性上有较好的表现，但是这些模型通常需要依赖外部算法进行时间对齐。常用的外部算法有 Montreal Forced Aligner[10]（MFA），其使用了 Kaldi 的工具集，基于 GMM-HMM[11] 的算法，进行包括音频特征参数提取、模型构建、训练方法等操作，且使用方法简单。需要注意的是，在数据量充足、数据质量较好的情况下，使用 MFA 进行对齐模型的训练，能实现较好的对齐效果，但是在数据量不足的情况下，使用 MFA 数据进行对齐的准确性会不够高。此外，MFA 仍存在使用成本高昂，某些语言数据通常不易获得，合成语音的语调较为平淡、缺乏个性、韵律过于平均，且对中文拼音的对齐能力不足，针对长文本的处理能力不足等技术问题。

针对上述问题，我们尝试在非自回归语音合成的预训练和微调的基础上，使用无监督学习的对齐框架替代 MFA 算法来对齐参与语音合成模型的训练，达到提高数据对齐的准确性、更好地拟合数据的技术效果。同时，通过风格编码模块提取音频的风格向量，添加到语音合成的不同模块中，达到增强语音合成的音色转换的技术效果。另外，我们尝试通过音高预测模块和能量预测模块增强语音合成的自然度，可以实现基于无监督学习的对齐框架的个性化实时语音合成技术，避免了现有技术中存在的在小数据量情况下的对齐准确性不足、使用成本昂贵、针对长文本处理能力不足等技术问题。

基于无监督学习的对齐框架的个性化实时语音合成技术，在非自回归语音合成的基础上使用无监督学习的对齐框架替代了已有的基于 MFA 的对齐模型，以解决小数据量下合成语音对齐不准确的问题。同时使用风格编码器模块、音高预测模块、能量预测模块，更好地实现语音合成中音色和自然度的拟合，其算法流程图如图 5-6 所示。

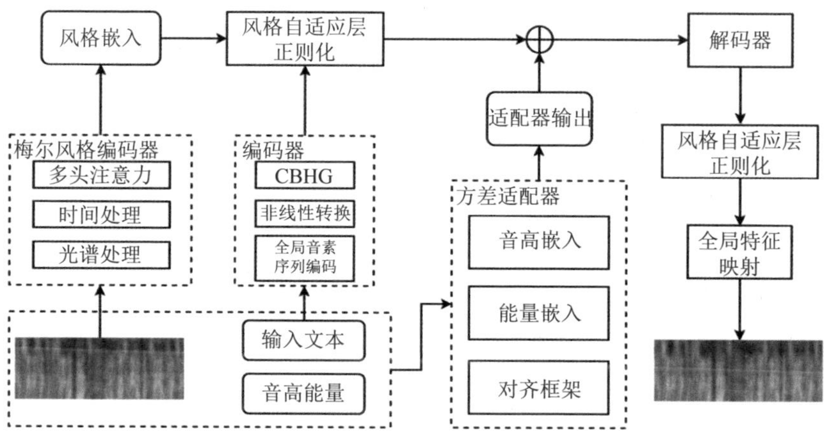

图 5-6　基于无监督学习的对齐框架的个性化实时语音合成技术的算法流程图

语音合成技术主要包含梅尔风格编码器、编码器、方差适配器、风格自适应层正则化和解码器等 5 个主要模块。其中编码器模块和解码器模块与 Tacotron2 的编码器模块和解码器模块相同；音高嵌入和能量嵌入两个模块可参考 FastSpeech 2 的算法。

1. 梅尔风格编码器模块

使用梅尔风格编码器（MelStyle Encoder）模块，将参考语音的梅尔频谱（Mel）作为输入，输出一个包含风格信息（说话人身份、说话风格或韵律）的风格嵌入向量，主要包含多头注意力、时间处理和光谱处理三个子模块。其中向光谱处理输入梅尔频谱后通过全连接层转换成帧级隐状态序列；时间处理使用 Gated CNN+ 残差连接来捕获语音中的时序信息；使用多头自注意机制 + 残差连接来编码全局信息，其中多头自注意机制被用在帧级别的语音信息上以更好地从较短语音中提取风格特征，然后输出全局时间上的一个平均的风格向量风格嵌入。

2. 风格自适应层正则化模块

在传统做法中，风格向量一般直接拼接或加到编码器模块的输出或解码器模块的输入上。而此处提及的是一种 Layer Norm 方法，它接收风格向量 $\boldsymbol{w}$ 用来预测输入特征 $\boldsymbol{h}$ 的 gain 和 bias，然后进行标准化处理得到输出，公式如下：

$$y = \frac{\boldsymbol{h} - \mu}{\sigma} \tag{5-1}$$

其中，$\mu = \frac{1}{H}\sum_{i=1}^{H}\boldsymbol{h}_i$，$\sigma = \sqrt{\frac{1}{H}\sum_{i=1}^{H}(\boldsymbol{h}_i - \mu)^2}$。

$$\mathrm{SALN}(\boldsymbol{h} - \boldsymbol{w}) = g(\boldsymbol{w}) \cdot y + b(\boldsymbol{w}) \tag{5-2}$$

与普通的 Layer Norm 不同，这里的 $g(\boldsymbol{w})$ 和 $b(\boldsymbol{w})$ 是受风格嵌入影响而变化的。在编码器和解码器的前馈转换器块中应用风格自适应层正则化（Style-Adaptive Layer Norm，SALN），其中 gain 和 bias 是风格向量 $\boldsymbol{w}$ 通过一层全连接层获得的。

3. 对齐框架模块

一种基于无监督学习的对齐框架（Alignment Framework），结合隐马尔可夫模型，分别使用 Viterbi 算法和前馈累加算法计算文本和每尔频谱之间所有可能的对齐集合与最优的对齐方式，如图 5-7 所示。

其基本原理是在非自回归的语音合成系统中，使用简单的一维卷积对文本和语音进行编码，并使用 softmax 来计算对齐。为了学习这些对齐，我们优化了以下公式：

$$P[S(\Phi)\mid X;\theta]=\sum_{s\in S(\Phi)}\prod_{t=1}^{T}P(s_t\mid x_t;\theta) \tag{5-3}$$

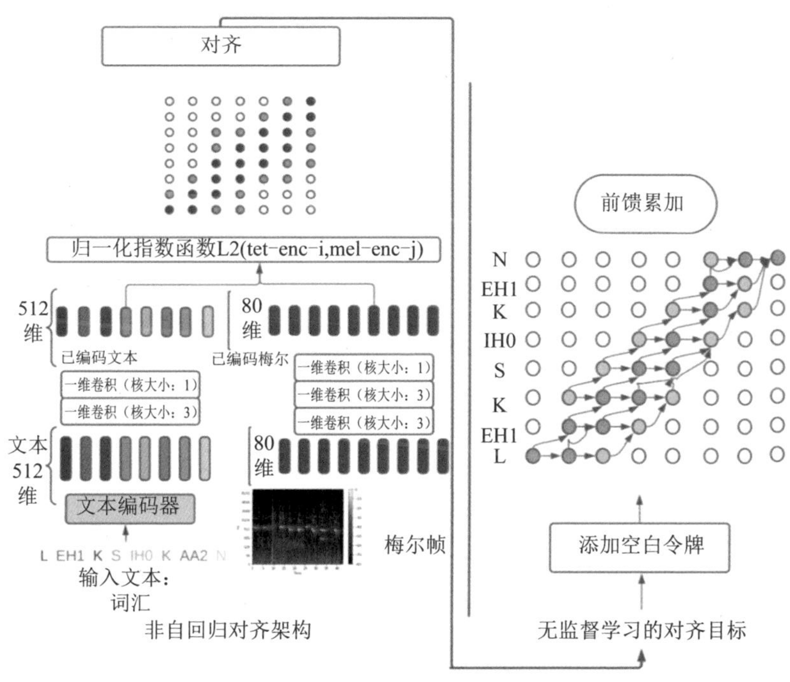

图 5–7　对齐框架结构图

其中 s 表示梅尔频谱和文本之间的特定对齐，$S(\Phi)$ 表示所有可能有效的单调对齐的集合，$P(s_t\mid x_t;\theta)$ 是特定文本在时间 t 时刻与对应时刻的梅尔频谱对齐的可能性。可以看到，这个公式总结了所有可能的对齐路径。然后使用隐马尔可夫模型中使用的前馈累加算法，使给定的梅尔频谱的概率最大化。经证明，当我们将其限制为单调对齐时，这个公式相当于将 CTC 损失降至最低。

最后使用 Viterbi 算法，从最可能的对齐集合 $S(\Phi)$ 中，搜索最优的对齐路径，即文本和梅尔频谱之间最终的对齐方式。

此对齐框架可以在不依赖外部对齐算法的情况下快速学习文本和语音之间的对齐，可以在几千次的模型迭代中迅速使对齐收敛到可用状态，消除了对 MFA 对齐的需求，在针对少量数据的情况下，对齐准确率更高、收敛速度更快，且适用于各种非自回归的语音合成模型。同时，采取预训练 + 微调的方式，配合对齐框架生成的对齐效果，更加符合目标说话人的韵律节奏等特性。

综上所述，基于无监督学习的对齐框架的低资源、个性化实时语音合成技术具有较为显著的优势，它以非自回归语音合成方法作为基础，在保证语音合成实时性和准确性的同时，使用梅尔风格编码器模块提取音频的风格向量，并使用风格自适应层正则化将其添加到语音合成算法的主要模块中，最大限度地保留目标说话人的音色，用低 CTC[12] 损失的对齐框架替代 MFA，参与到语音合成的模型训练中，提高对齐的准确性，同时因为音高和能量预测模块的加入，使得语音合成的效果更自然，更具有韵律性。

未来，相信还会有其他更加有效的方法与技术出现，把声音克隆推向更高效、更逼真、更自然的水平！

5.2.2 声音变换

声音变换（Voice Conversion）是这样一项任务：输入一条语音，在保持说话内容不变的情况下，让它听起来像是另一个人说的。一个典型的例子，就是柯南的蝴蝶领结变声器。声音变换技术可以将源说话人的输入音频真实优雅地变成目标说话人的音色。目前，主流的技术中，主要采用以下三种形式：

（1）基于语音识别（Automatic Speech Recognition，ASR）技术和文语转换技术结合的方案。首先将音频通过 ASR 模型识别为文本，然后利用 TTS 将文本以目标说话人的音色输出，从而达到变声效果。而 ASR 存在较高的错误率，在一般的音频输入中，ASR 识别过程中的错误会导致后续 TTS 将文本转换为语音时存在大量错误的发音，从而影响使用。

（2）基于生成对抗网络（Generative Adversarial Network，GAN[13]）技术的方案。将音频通过网络编码为巴科斯范式（Back Naur form，BNF）方案，再通过变分自编码器（Variational Auto-Encoder，VAE[14]）或者 GAN 的方式，将 BNF 特征还原为音频。上述方案的训练过程简单，但其效果难以保证，所以无法实际应用。

（3）基于平行语料构建的方案。令两个说话人说同样的句子得到两个音频，再通过对齐算法将两个音频对齐，然后进行音色变换的过程。然而，现实操作中难以获取两个说话人的平行语料，即便获取得到，接下来进行音频对齐的过程中也存在相应的问题，需要大量的人力投入与时间成本。

声音变换还处于快速发展期，陆续推出的模型及效果能逐步刷新纪录，随着在直播、游戏等领域的广泛使用，声音变换技术将越来越成熟与完善。

5.3 参考资料

[1] WANG Y, SKERRY-RYAN R J, STANTON D, et al. Tacotron: Towards end-to-end speech synthesis[J]. arXiv preprint arXiv:1703.10135, 2017.

[2] SHEN J, PANG R, WEISS R J, et al. Natural TTs synthesis by conditioning wavenet on mel spectrogram predictions[C]//2018 IEEE International Conference on Acoustics,Speech and Signal Processing (ICASSP). IEEE, 2018: 4779-4783.

[3] LI N, LIU S, LIU Y, et al. Neural speech synthesis with transformer network[C]//Proceedings of the AAAI Conference on Artificial Intelligence. 2019, 33(01): 6706-6713.

[4] REN Y, RUAN Y, TAN X, et al. FastSpeech: Fast, robust and controllable text to speech[J]. Advances in Neural Information Processing Systems, 2019, 32.

[5] REN Y, HU C,TAN X, et al. FastSpeech 2: Fast and high-quality end-to-end text to speech[J]. arXiv preprint arXiv:2006.04558, 2020.

[6] OORD A, DIELEMAN S, ZEN H, et al. Wavenet: A generative model for raw audio[J]. arXiv preprint arXiv:1609.03499, 2016.

[7] PAINE T L,KHORRAMI P,CHANG S,et al. Fast wavenet generation algorithm[J]. arXiv preprint arXiv:1611.09482, 2016.

[8] OORD A,LI Y, BABUSCHKIN I, et al. Parallel Wavenet: Fast high-fidelity speech synthesis[C]//International Conference on Machine Learning. PMLR, 2018:3918-3926.

[9] VALIN J M, SKOGLUND J. LPCNet:Improving neural speech synthesis through linear prediction[C]//ICASSP 2019-2019 IEEE International Conference on Acoustics, Speech and Signal Processing (ICASSP). IEEE, 2019: 5891-5895.

[10] MCAULIFFE M,SOCOLOF M,MIHUC S,et al. Montreal forced aligner:trainable text-speech alignment using kaldi[C]//Interspeech. 2017, 2017: 498-502.

[11] RODRÍGUEZ E,RUÍZ B,GARCÍA-CRESPO Á, et al. Speech/speaker recognition using a HMM/GMM Hybrid Model[C]//Audio-and Video-based Biometric Person Authentication: First International Conference,AVBPA' 97 Crans-Montana, Switzerland, March 12–14, 1997 Proceedings 1. Springer Berlin Heidelberg, 1997: 227-234.

[12] LEE J, WATANABE S. Intermediate loss regularization for ctc-based speech recognition[C]//ICASSP 2021-2021 IEEE International Conference on Acoustics, Speech and Signal Processing (ICASSP). IEEE, 2021: 6224-6228.

[13] GOODFELLOW I J ,POUGET-ABADIE J ,MIRZA M , et al. Generative adversarial networks[J]. 2014.

[14] XING Q,MA X. Variational auto-encoder based Mandarin speech cloning[J]. arXiv preprint arXiv:2203.02967, 2022.

第6章 底层核心技术

高山仰止，景行行止。

——《诗经》

AIGC 涉及的范围很广。如果要具体讲，其每个门类的核心技术有很多。本章所说的底层核心技术，是指一些典型的和重要的算法与模型。它们的出现，推动了人工智能技术的快速发展与突破。本章重点介绍扩散模型和生成对抗模型。

6.1 扩散模型

在 2015 年的国际机器学习大会（ICML）上，一篇名为《使用非平衡热力学进行深度无监督学习》（*Deep Unsupervised Learning Using Nonequilibrium Thermodynamics*）[1] 的论文就已经提出了现今流行的扩散模型（Diffusion Model）的理论基础。此论文提出，受到非平衡统计物理学的启发，定义了一个扩散步骤的马尔可夫链，通过迭代的前向扩散过程，系统地、缓慢地破坏原有数据分布的结构；然后通过学习反向扩散过程来恢复原有数据分布，获得高度灵活的、容易控制的数据生成模型。该论文中使用的瑞士卷数据展示了扩散模型的基本过程，如图 6-1 所示。

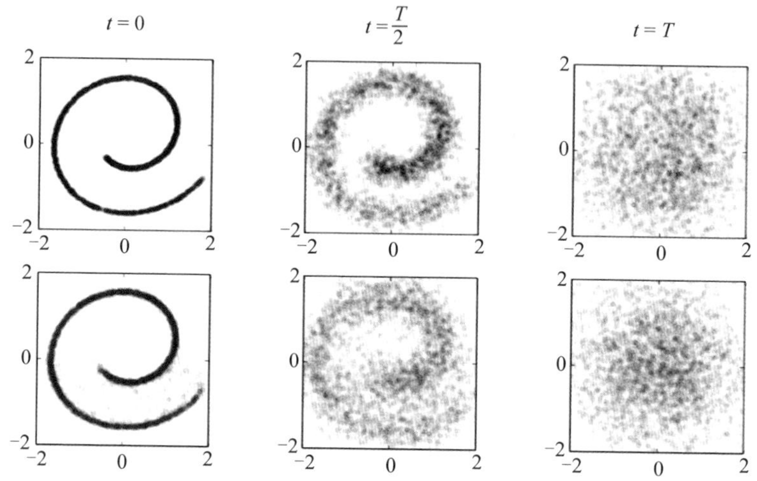

图 6-1　使用瑞士卷数据训练扩散模型的示例[1]

图 6-1 中第一行所示过程为前向扩散过程，从左端的原始数据分布（$t=0$）开始，逐步添加高斯噪声；在添加 T 步高斯噪声后，数据从原始分布最终转化为右端的特性协方差高斯分布。在前向扩散过程中，t 时刻数据仅与 $t-1$ 时刻数据有关。从 $t=0$ 时刻开始，t 时刻数据由 $t-1$ 时刻数据添加高斯噪声而得。

图 6-1 中第二行从右至左所示为反向扩散过程。在经过模型学习后，前向扩散过程中每一步添加的高斯噪声的参数（均值与方差）已被近似估计。因此，从经过学习的特性协方差高斯分布开始，逐步移除前向扩散过程中添加的高斯噪声，即可获得原始数据分布，此过程即为反向扩散过程。从第 T 步开始，第 $t-1$ 步的数据由第 t 步数据移除估计出的第 t 步的高斯噪声获得，直至 $t=0$，获得原始数据分布。

该论文完成了扩散模型整体框架的构建和数学推导，但其仅在一些小规模数据集上进行了实验，如瑞士卷数据、MNIST 手写数字数据、CIFAR10 图像数据等低分辨率数据，且其生成的图像依然带有较多噪声，并未达到当时 SOTA 模型的水平。真正将扩散模型应用于视觉任务的是其继任者——去噪扩散概率模型（Denoising Diffusion Probabilistic Model，DDPM）[2]。DDPM 首次将扩散模型应用于高分辨率图像生成，让人工智能研究者及开发人员看到了扩散模型在视觉任务方面的潜力，从而促进了后续对扩散模型的不断优化。此处，我们基于有关 DDPM 的论文对扩散模型原理进行解释，包含前向扩散过程、反向扩散过程及模型优化方法。

6.1.1　去噪扩散概率模型

DDPM 的目标是从随机高斯噪声中生成符合某一数据分布的样本，如图 6-2 所示。在此过程中，高斯噪声被逐步移除，最终获得其对应的样本数据。为使 DDPM 具有生成图像的能力，首先要在现有的数据上添加不同程度的高斯噪声（前向扩散），然后再让 DDPM 学习逐步去除高斯噪声（反向扩散）的能力。

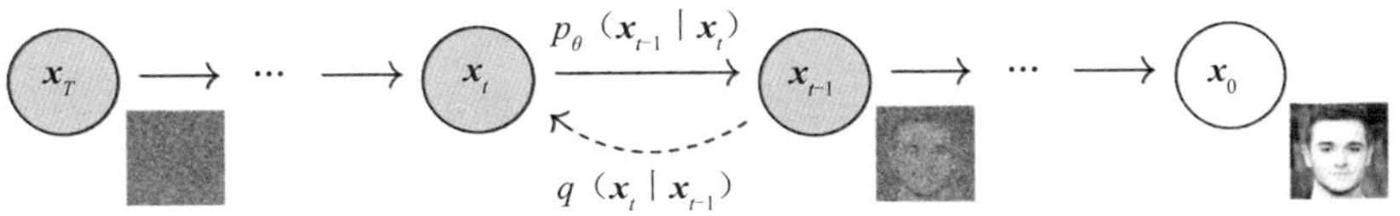

图 6-2　DDPM 的前向扩散与反向扩散过程[2]

1. 前向扩散过程

DDPM 的前向扩散过程以图 6-2 中的先验概率 $q(\boldsymbol{x}_t \mid \boldsymbol{x}_{t-1})$ 来表示，将给定的数据分布 $\boldsymbol{x}_0 \sim q(\boldsymbol{x})$ 作为起点，不断地向分布中添加高斯噪声。此过程为一个马尔可夫链，第 t 步的数据 $\boldsymbol{x}_t$ 是由 $\boldsymbol{x}_{t-1}$ 添加高斯噪声而得到的。前向扩散过程中第 t 步添加的高斯噪声的方差以固定值 β_t 确定，第 t 步添加的高斯噪声的均值由固定值 β_t 和第 $t-1$ 步时的数据 $\boldsymbol{x}_{t-1}$ 共同确定。在前向扩散过程中，总共添加了 T 次高斯噪声，因此产生了 T 张带有噪声的图像 $\boldsymbol{x}_1, \boldsymbol{x}_2, \cdots, \boldsymbol{x}_T$。$\beta_t$ 的取值范围为 $(0,1)$，且 β_t 随 t 的增加而逐渐增大。当 $T \to \infty$ 时，最终的 $\boldsymbol{x}_T$ 成为一个独立的高斯分布。在 DDPM 中，β_t 的取值从 $\beta_1 = 10^{-4}$ 到 $\beta_T = 0.02$，$T = 1000$。每步中添加高斯噪声的操作可用式（6-1）表示，从 $\boldsymbol{x}_0$ 开始添加 T 步噪声后获得的一系列加噪图像用式（6-2）表示，式（6-2）是式（6-1）经过 T 步的累积得到的。

$$q(\boldsymbol{x}_t \mid \boldsymbol{x}_{t-1}) = \mathcal{N}\left(\boldsymbol{x}_t; \sqrt{1-\beta_t}\boldsymbol{x}_{t-1}, \beta_t \boldsymbol{I}\right) \tag{6-1}$$

$$q(\boldsymbol{x}_{1:T} \mid \boldsymbol{x}_0) = \prod_{t=1}^{T} q(\boldsymbol{x}_t \mid \boldsymbol{x}_{t-1}) \tag{6-2}$$

在从 $\boldsymbol{x}_{t-1}$ 到 $\boldsymbol{x}_t$ 的过程中，$q(\boldsymbol{x}_t \mid \boldsymbol{x}_{t-1})$ 是在 $\boldsymbol{x}_{t-1}$ 上添加一个均值为 $\sqrt{1-\beta_t}\boldsymbol{x}_{t-1}$、方差为 β_t 的高斯噪声。当固定每步的 β_t 值后，每步添加的高斯噪声是已知的，不需要学习。因此，当给定数据分布 $\boldsymbol{x}_0$ 及每步的 β_t 时，就可以推算出任意第 t 步加噪后的数据分布 $\boldsymbol{x}_t$，推导过程如式（6-3）所示。需要说明的是，叠加两个高斯分布 $aX + bY$，其中

$X \sim \mathcal{N}\left(\mu_1,\sigma_1^2\right)$，$Y \sim \mathcal{N}\left(\mu_2,\sigma_2^2\right)$，叠加后的分布均值为$a\mu_1 + b\mu_2$，方差为$a^2{\sigma_1}^2 + b^2{\sigma_2}^2$。因此在式（6-3）中，$\sqrt{1-\alpha_t\alpha_{t-1}}\,\boldsymbol{\epsilon}_{t-2} + \sqrt{1-\alpha_t}\,\boldsymbol{\epsilon}_{t-1}$可以利用重参数化技巧转换为只包含一个随机变量$\boldsymbol{\epsilon}$的$\sqrt{1-\alpha_t\alpha_{t-1}}\,\boldsymbol{\epsilon}$。由$\boldsymbol{x}_0$获得任意第$t$步加噪的$\boldsymbol{x}_t$的过程可以使用式（6-4）表示。

$$\begin{aligned}\boldsymbol{x}_{\mathrm{t}} &= \sqrt{\alpha_t}\,\boldsymbol{x}_{t-1} + \sqrt{1-\alpha_t}\,\boldsymbol{\epsilon}_1 \\ &= \sqrt{\alpha_t\alpha_{t-1}}\,\boldsymbol{x}_{t-2} + \sqrt{1-\alpha_t\alpha_{t-1}}\,\boldsymbol{\epsilon}_2 \\ &= \sqrt{\bar{\alpha}_t}\,\boldsymbol{x}_0 + \sqrt{1-\bar{\alpha}_t}\,\boldsymbol{\epsilon}\end{aligned} \tag{6-3}$$

其中，$\alpha_t = 1-\beta_t$，$\bar{\alpha}_t = \prod_{t=1}^{T}\alpha_t, \boldsymbol{\epsilon} \sim \mathcal{N}\left(0,\boldsymbol{I}\right)$

$$q\left(\boldsymbol{x}_t \mid \boldsymbol{x}_0\right) = \mathcal{N}[\boldsymbol{x}_t;\sqrt{\bar{\alpha}_t}\,\boldsymbol{x}_0,\left(1-\bar{\alpha}_t\right)\boldsymbol{I}] \tag{6-4}$$

至此，我们了解了DDPM前向扩散过程中两种添加高斯噪声的方法，包含在t步对$\boldsymbol{x}_{t-1}$分布添加噪声获得$\boldsymbol{x}_t$，即$q\left(\boldsymbol{x}_t \mid \boldsymbol{x}_{t-1}\right)$；又包含在$t$步直接对$\boldsymbol{x}_0$分布添加噪声获得$\boldsymbol{x}_t$，即$q\left(\boldsymbol{x}_t \mid \boldsymbol{x}_0\right)$。

2. 反向扩散过程

DDPM的反向扩散过程是前向扩散过程的逆过程，即后验概率$q\left(\boldsymbol{x}_{t-1} \mid \boldsymbol{x}_t\right)$，从第$t$步的加噪图像$\boldsymbol{x}_t$中移除在前向扩散过程中添加的噪声，获得第$t-1$步的加噪图像$\boldsymbol{x}_{t-1}$，直至获得原始数据分布$\boldsymbol{x}_0$。这样我们就可以从一个随机的高斯分布$\mathcal{N}\left(0,\boldsymbol{I}\right)$中逐步去除噪声，生成符合原始数据分布的样本。然而，$q\left(\boldsymbol{x}_{t-1} \mid \boldsymbol{x}_t\right)$需要从完整数据集中获取数据分布，无法被直接预测。因此，我们需要训练一个模型p_θ［（见式（6-5）］来近似这个条件概率$q\left(\boldsymbol{x}_{t-1} \mid \boldsymbol{x}_t\right)$，使用$\mu_\theta$和$\Sigma_\theta$

两个神经网络估计需要移除的高斯噪声的参数，从而进行反向扩散过程。

$$p_\theta\left(\boldsymbol{x}_{0:T}\right)=p\left(\boldsymbol{x}_T\right)\prod_{t=1}^{T}p_\theta(\boldsymbol{x}_{t-1}\mid\boldsymbol{x}_t) \tag{6-5}$$

其中，$p_\theta(\boldsymbol{x}_{t-1}\mid\boldsymbol{x}_t)=\mathcal{N}[(\boldsymbol{x}_{t-1};\mu_\theta\left(\boldsymbol{x}_t,t\right),\Sigma_\theta\left(\boldsymbol{x}_t,t\right)]$

虽然后验概率 $q\left(\boldsymbol{x}_{t-1}\mid\boldsymbol{x}_t\right)$ 无法直接计算，但是反向扩散过程的后验条件概率 $q\left(\boldsymbol{x}_{t-1}\mid\boldsymbol{x}_t,\boldsymbol{x}_0\right)$ 可用式（6-6）表达。也就是说，在给定 $\boldsymbol{x}_0$ 和 $\boldsymbol{x}_t$ 的情况下，可以计算出 $\boldsymbol{x}_{t-1}$。根据高斯分布的概率密度函数，结合式（6-6）可以继续推导，利用 $\boldsymbol{x}_0$ 和 $\boldsymbol{x}_t$ 估计前向扩散过程中第 t 步时添加的高斯噪声的均值 $\tilde{\boldsymbol{\mu}}_t$［见式（6-7）］和方差 $\tilde{\beta}_t$［见式（6-8）］。需要注意的是，DDPM 将 $q\left(\boldsymbol{x}_t\mid\boldsymbol{x}_{t-1},\boldsymbol{x}_0\right)$ 近似为马尔可夫链，即 $q\left(\boldsymbol{x}_t\mid\boldsymbol{x}_{t-1}\right)$。

$$\begin{aligned}q\left(\boldsymbol{x}_{t-1}\mid\boldsymbol{x}_t,\boldsymbol{x}_0\right)&=\mathcal{N}\left[\boldsymbol{x}_{t-1};\tilde{\boldsymbol{\mu}}_t\left(\boldsymbol{x}_t,\boldsymbol{x}_0\right),\tilde{\beta}\cdot\boldsymbol{I}\right]\\&=q\left(\boldsymbol{x}_t\mid\boldsymbol{x}_{t-1},\boldsymbol{x}_0\right)\frac{q\left(\boldsymbol{x}_t\mid\boldsymbol{x}_0\right)}{q\left(\boldsymbol{x}_{t-1}\mid\boldsymbol{x}_0\right)}\end{aligned} \tag{6-6}$$

$$\tilde{\boldsymbol{\mu}}_t\left(\boldsymbol{x}_t,\boldsymbol{x}_0\right)=\frac{\sqrt{\alpha_t}\left(1-\bar{\alpha}_{t-1}\right)}{1-\bar{\alpha}_t}\boldsymbol{x}_t+\frac{\sqrt{\bar{\alpha}_{t-1}}\beta_t}{1-\bar{\alpha}_t}\boldsymbol{x}_0 \tag{6-7}$$

$$\tilde{\beta}_t=\frac{1-\bar{\alpha}_{t-1}}{1-\bar{\alpha}_t}\cdot\beta_t \tag{6-8}$$

将式（6-3）中 $\boldsymbol{x}_0$ 与 $\boldsymbol{x}_t$ 代入式（6-7）中，更新后的 $\tilde{\boldsymbol{\mu}}_t$ 中不包含 $\boldsymbol{x}_0$ 项［见式（6-9）］，并且出现了随机高斯噪声项，这为后续的神经网络设计提供了基础。这样，在给定 $\boldsymbol{x}_0$ 的条件下，后验分布的高斯噪声仅与 $\boldsymbol{x}_t$ 和 ϵ 有关。ϵ 为随机高斯分布变量，由 $\boldsymbol{x}_0$ 的重参数化

而得到，是神经网络需要学习的噪声部分。

$$\tilde{\boldsymbol{\mu}}_t = \frac{1}{\sqrt{\alpha_t}}\left(\boldsymbol{x}_t - \frac{\beta_t}{\sqrt{1-\bar{\alpha}_t}}\boldsymbol{\epsilon}\right) \tag{6-9}$$

这里的重参数化技巧是对高斯分布的一种变换操作。例如，使用神经网络对高斯分布$X \sim \mathcal{N}\left(\mu,\sigma^2\right)$进行采样，由于实际的采样动作是离散的，计算图无法传递梯度，因此无法更新神经网络参数。为解决这个问题，可以先从标准高斯分布$Z \sim \mathcal{N}\left(0,\boldsymbol{I}\right)$中采样出$\boldsymbol{z}$，然后得到$\boldsymbol{x} = \sigma\boldsymbol{z}+\mu$。这样，将$X$的随机性转移到了$Z$，随机性变量被移出了计算图，不需要计算其梯度，而将σ和μ作为神经网络的一部分进行更新。

3. 训练过程

接下来要做的就是训练模型$p_\theta\left(\boldsymbol{x}_0\right)$，拟合反向扩散过程的后验条件概率$q\left(\boldsymbol{x}_0\right)$，即模型$p_\theta$在给定任意$\boldsymbol{x}_t$的情况下，进行反向扩散过程，生成$p_\theta\left(\boldsymbol{x}_0\right)$，且使其尽可能接近实际观测结果$q\left(\boldsymbol{x}_0\right)$。模型$p_\theta$的训练目标就是让模型预测第$t$步时的高斯噪声分布参数$\mu_\theta\left(\boldsymbol{x}_t,t\right)$，使其接近真实值$\tilde{\boldsymbol{\mu}}_t$。

损失函数可以使用最小化模型$p_\theta\left(\boldsymbol{x}_0\right)$预测分布的负极大似然，即最小化负的交叉熵函数：

$$L = -E_{q(\boldsymbol{x}_0)}\left[\log p_\theta\left(\boldsymbol{x}_0\right)\right] \tag{6-10}$$

训练模型$p_\theta\left(\boldsymbol{x}_0\right)$拟合后验条件概率$q\left(\boldsymbol{x}_0\right)$，其实就是变分推断过程，即近似潜在变量在观测变量下的条件概率。因此可以使用变分下界来优化负极大似然，如式（6-11）所示。其中，$q\left(\boldsymbol{x}_{1:T} \mid \boldsymbol{x}_0\right)$ 为反向扩散过程的观测值序列，即训练模型的数据。$p_\theta\left(\boldsymbol{x}_{1:T} \mid \boldsymbol{x}_0\right)$ 为神经网络输出的反向扩散过程的预测值序列，D_{KL} 为 KL 散度损失，用以衡量观测值与神经网络的预测值的相似程度。二者的相似程度越高，KL 散度越小，则负极大似然上界越小，损失函数越小。经过推导，负极大似然的上界即变分下界 L_{VLB} 可以用式（6-12）表示。进一步推导后，损失函数可以简化为式（6-13）。

$$-\log p_\theta\left(\boldsymbol{x}_0\right) \leqslant L_{\mathrm{VLB}}=-\log p_\theta\left(\boldsymbol{x}_0\right)+D_{\mathrm{KL}}\left[q\left(\boldsymbol{x}_{1:T} \mid \boldsymbol{x}_0\right) \| p_\theta\left(\boldsymbol{x}_{1:T} \mid \boldsymbol{x}_0\right)\right] \tag{6-11}$$

$$L_{\mathrm{VLB}}=E_{q\left(\boldsymbol{x}_{0:T}\right)}\left[\log \frac{q\left(\boldsymbol{x}_{1:T} \mid \boldsymbol{x}_0\right)}{p_\theta\left(\boldsymbol{x}_{0:T}\right)}\right] \geqslant-E_{q\left(\boldsymbol{x}_0\right)} \log p_\theta\left(\boldsymbol{x}_0\right) \tag{6-12}$$

$$L=E_q\left[\frac{1}{2 \sigma_t^2}\|\tilde{\boldsymbol{\mu}}_t\left(\boldsymbol{x}_t, \boldsymbol{x}_0\right)-\mu_\theta\left(\boldsymbol{x}_t, t\right)\|^2\right] \tag{6-13}$$

正如上面所提到的，我们希望模型 p_θ 在第 t 步时预测的高斯噪声分布参数 $\mu_\theta\left(\boldsymbol{x}_t, t\right)$ 接近真实值 $\tilde{\boldsymbol{\mu}}_t$［见式（6-9）］。在训练过程中，由于 $\boldsymbol{x}_t$、α_t、$\bar{\alpha}_t$ 及 β_t 等均是已知项，因此我们可以重参数化高斯噪声项 ϵ，使用式（6-14）所示的神经网络 ϵ_θ 在第步时预测输入的 $\boldsymbol{x}_t$ 包含的 ϵ。

$$\mu_\theta\left(\boldsymbol{x}_t, t\right)=\frac{1}{\sqrt{\alpha_t}}\left[\boldsymbol{x}_t-\frac{1-\alpha_t}{\sqrt{1-\bar{\alpha}_t}} \epsilon_\theta\left(\boldsymbol{x}_t, t\right)\right] \tag{6-14}$$

将式（6-9）和式（6-14）带入式（6-13）中，经过简化获得最终的损失函数 L_{simple}［见式（6-15）］。其中 $\boldsymbol{x}_0$、t、ϵ 均为训练数据，$\boldsymbol{x}_t$ 可根据式（6-3）生成，ϵ_θ 为需要训练的神经网络。从形式上

看，L_{simple} 其实就是均方误差（MSE）。这样，整个过程就一目了然了。如图 6-3 所示，首先从数据集中采样数据 $\boldsymbol{x}_0$，在 T 步范围内随机采样前向扩散过程步数 t，从标准高斯分布中采样噪声 $\boldsymbol{\epsilon}$，依照式（6-3）生成前向扩散过程第 t 步时的加噪图像 $\boldsymbol{x}_t$，将 $\boldsymbol{x}_t$ 与 t 输入神经网络 $\boldsymbol{\epsilon}_\theta$，预测前向扩散过程加入的高斯噪声分布，使其拟合已知的真实高斯噪声 $\boldsymbol{\epsilon}$，计算损失函数，反向传播更新神经网络 $\boldsymbol{\epsilon}_\theta$，直至收敛。

$$L_{\text{simple}} = \mathbb{E}_{t\sim[1,T],\boldsymbol{x}_0,\boldsymbol{\epsilon}}\left[\|\boldsymbol{\epsilon} - \boldsymbol{\epsilon}_\theta\left(\boldsymbol{x}_t, t\right)\|^2\right] \tag{6-15}$$

算法1　训练

```
repeat
  x_0 ~ q (x_0)
  t ~ Uniform ({1,⋯,T})
  ϵ ~ N (0, I)
  执行梯度下降过程
      ∇_θ ‖ ϵ - ϵ_θ (√ā_t x_0 + √(1-ā_t) ϵ, t) ‖^2
until收敛
```

图 6-3　DDPM 的训练过程 [2]

DDPM 中神经网络 $\boldsymbol{\epsilon}_\theta$ 以 UNet 结构为主干结构，包含一个编码器-解码器网络（见图 6-4）。编码器包含多个降采样层，每个降采样层使用输入的特征图进一步计算特征，增加特征图通道数并降低特征图的空间分辨率。相对应地，解码器包含与编码器降采样层数量相同的升采样层，减少输入特征图的通道数并提升特征图的空间分辨率，最终输出与输入图像分辨率一致的结果。同时，编码器与解码器对应层通过跳跃（Skip）连接，将编码器输出的特征图引入解码器的对应层中。DDPM 中编码器与解码器每层均包含两个残差模块（Residual Block），每两个模块之间使用分辨率为 16×16 的自注意力模块（Self-attention Block）连接。时间信息 t 通过正弦位置编码（Sinusoidal Position Embedding）后，在每个残差模块中与特征图相加，以此引入时间信息。这样，DDPM 的神经网络 ϵ_θ 就能以加噪图像 $\boldsymbol{x}_t$ 和步数 t 作为输入，输出与原图像分辨率相同的估计的噪声，便可进行后续的反向扩散过程。

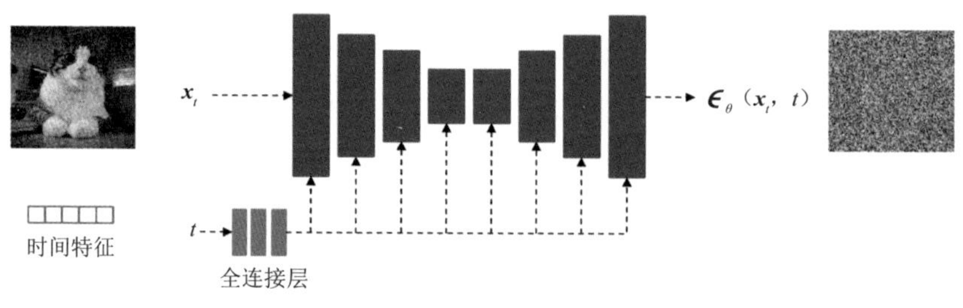

图 6-4　DDPM 的结构

资料来源：CVPR 2022 Tutorial

4. 采样过程

DDPM 的采样过程，也就是推理过程，它可以从随机的高斯噪声中生成符合训练数据分布的真实图像（见图 6-5）。从高斯分布中采样 $\boldsymbol{x}_T$，然后进行 T 步的反向扩散。在第 t 步时，神经网络 ϵ_θ 预测当前步中包含的噪声，从 $\boldsymbol{x}_t$ 中移除噪声，便获得 $\boldsymbol{x}_{t-1}$；重复 T 步，便生成真实图像 $\boldsymbol{x}_0$。

DDPM 在 CIFAR10、CelebA-HQ 和 LSUN 等数据集上进行了实

算法2　训练

```
x_T ~ N（0,I）
for t = T,…,1 do
  z ~ N（0,I） if t>1，else z = 0
  x_{t-1} = 1/√α_t （x_t − (1−α_t)/√(1−ᾱ_t) ϵ_θ（x_t，t）] + σ_t z
end for
return x_0
```

$$\boldsymbol{x}_{t-1}=\frac{1}{\sqrt{\alpha_t}}\left(\boldsymbol{x}_t-\frac{1-\alpha_t}{\sqrt{1-\bar{\alpha}_t}}\boldsymbol{\epsilon}_\theta(\boldsymbol{x}_t,t)\right]+\sigma_t\boldsymbol{z}$$

图 6-5　DDPM 的采样过程 [2]

验，图6-6和图6-7分别展示了DDPM生成的分辨率为256×256的CelebA-HQ和LSUN图像。DDPM生成图像的清晰度较之前的扩散模型有明显提升，同时它首次支持较大分辨率图像的生成。DDPM为后续扩散模型应用在图像生成领域打下了坚实的基础。

图 6-6　DDPM 生成的 CelebA-HQ 图像 [2]

图 6-7 DDPM 生成的 LSUN 数据[2]

6.1.2 扩散模型改进

DDPM 虽然能取得较好的图像生成效果，但生成图像的相关指标并未超过当时的 GAN（生成对抗网络）模型 SOTA。同时，由于

DDPM 基于马尔可夫链，且为了保证前向扩散过程中每步添加的噪声控制在一个很小的范围内，使用了较大的采样步数 T。这就导致 DDPM 在采样过程中推理次数较多，采样过程时间较长，生成图像的速度较慢。因此，后续一系列方法在 DDPM 的基础上不断改进扩散模型，不断追求更好的图像生成效果，以及更快的采样速度。

1. DDIM

为了提高 DDPM 的采样速度，去噪扩散隐式模型（Denoising Diffusion Implicit Model，DDIM）[3] 定义了一种与 DDPM 等价的非马尔可夫链的前向扩散过程，在采样过程中可以减少反向扩散步数，从而提升采样速度。DDIM 的提出者发现，DDPM 的损失函数 L_{simple}［见式（6-15）］仅与 $q(\boldsymbol{x}_t \mid \boldsymbol{x}_0)$ 有关，即使用 $\boldsymbol{x}_0$ 计算出 $\boldsymbol{x}_t$，进而计算损失函数。DDPM 的采样过程仅依赖 $p_\theta(\boldsymbol{x}_{t-1} \mid \boldsymbol{x}_t)$，即在反向扩散过程的每步中从 $\boldsymbol{x}_t$ 中移除噪声获得 $\boldsymbol{x}_{t-1}$。DDPM 的训练过程与采样过程均与马尔可夫链的前向扩散过程 $q(\boldsymbol{x}_t \mid \boldsymbol{x}_{t-1})$ 无关。因此，DDIM 尝试保持边缘分布 $q(\boldsymbol{x}_t \mid \boldsymbol{x}_0)$ 形式与 DDPM 相同，但将 $q(\boldsymbol{x}_t \mid \boldsymbol{x}_{t-1})$ 从推导中移除，寻找一般形式的 $q(\boldsymbol{x}_t \mid \boldsymbol{x}_{t-1}, \boldsymbol{x}_0)$，即非马尔可夫链的前向扩散过程，进而使反向扩散过程也以一种非马尔可夫链的方式进行。

DDIM 的提出者首先设计了一种非马尔可夫链的前向扩散过程。式（6-16）定义了一组前向扩散过程，设定第 T 步时为高斯分布，其中的后验概率分布 $q_\sigma(\boldsymbol{x}_{t-1} \mid \boldsymbol{x}_t, \boldsymbol{x}_0)$ 用式（6-17）来计算。

$$q_\sigma(\boldsymbol{x}_{1:T} \mid \boldsymbol{x}_0) = q_\sigma(\boldsymbol{x}_T \mid \boldsymbol{x}_0)\prod_{t=2}^{T} q_\sigma(\boldsymbol{x}_{t-1} \mid \boldsymbol{x}_t, \boldsymbol{x}_0) \tag{6-16}$$

其中，$\sigma \in R^T_{\geqslant 0}$，$q_\sigma(\boldsymbol{x}_T \mid \boldsymbol{x}_0) = \mathcal{N}\left[\sqrt{\bar{\alpha}_T}\boldsymbol{x}_0, \left(1-\bar{\alpha}_T\right)\boldsymbol{I}\right]$

$$q_\sigma\left(\boldsymbol{x}_{t-1} \mid \boldsymbol{x}_t, \boldsymbol{x}_0\right) = \mathcal{N}\left(\sqrt{\bar{\alpha}_{t-1}}\boldsymbol{x}_0 + \sqrt{1-\bar{\alpha}_{t-1}-\sigma_t^2} \cdot \frac{\boldsymbol{x}_t - \sqrt{\bar{\alpha}_t}\boldsymbol{x}_0}{\sqrt{1-\bar{\alpha}_t}}, \sigma_t^2\boldsymbol{I}\right) \tag{6-17}$$

经过推导，证明在任意步数 t 时，$q_\sigma\left(\boldsymbol{x}_t \mid \boldsymbol{x}_0\right)$ 也为高斯分布 $\mathcal{N}[\sqrt{\bar{\alpha}_t}\boldsymbol{x}_0, \left(1-\bar{\alpha}_t\right)\boldsymbol{I}]$。这样，边缘分布 $q_\sigma\left(\boldsymbol{x}_t \mid \boldsymbol{x}_0\right)$ 与 DDPM 一致，就可以使用 DDPM 的训练过程。此时可以推导出当前的前向扩散过程 $q_\sigma\left(\boldsymbol{x}_t \mid \boldsymbol{x}_{t-1}, \boldsymbol{x}_0\right)$，可以发现，现在的前向扩散过程不再是马尔可夫链，因为 $\boldsymbol{x}_t$ 不仅与 $\boldsymbol{x}_{t-1}$ 有关，还与 $\boldsymbol{x}_0$ 有关。

$$q_\sigma\left(\boldsymbol{x}_t \mid \boldsymbol{x}_{t-1}, \boldsymbol{x}_0\right) = \frac{q_\sigma\left(\boldsymbol{x}_{t-1} \mid \boldsymbol{x}_t, \boldsymbol{x}_0\right) q_\sigma\left(\boldsymbol{x}_t \mid \boldsymbol{x}_0\right)}{q_\sigma\left(\boldsymbol{x}_{t-1} \mid \boldsymbol{x}_0\right)} \tag{6-18}$$

从定义的后验概率分布 $q_\sigma\left(\boldsymbol{x}_{t-1} \mid \boldsymbol{x}_t, \boldsymbol{x}_0\right)$ 可以看出，当前的反向扩散过程也可是非马尔可夫链。对于 DDPM 的后验分布，DDIM 的后验分布的均值多了参数 σ。当给 σ 设定不同的值时，反向扩散过程中根据后验分布进行重参数化采样的计算方式会有所不同。将式（6-3）代入式（6-17）中替换 $\boldsymbol{x}_0$，可以得到 $\boldsymbol{x}_t \to \boldsymbol{x}_{t-1}$ 的最终形式。当第 t 步的 $\sigma_t = \sqrt{\left(1-\bar{\alpha}_{t-1}\right)/\left(1-\bar{\alpha}_t\right)}\sqrt{1-\bar{\alpha}_t/\bar{\alpha}_{t-1}}$ 时，由于 $\sigma_t > 0$，在前向扩散过程中，$\boldsymbol{x}_{t-1} \to \boldsymbol{x}_t$ 过程中需要添加随机高斯噪声，因此前向扩散过程为马尔可夫链，将 σ_t 代入式（6-19），其形式与 DDPM 的反向扩散过程相同。当对所有步数 t，$\sigma_t = 0$ 时，式（6-19）中随机噪声项被去除，因此 $\boldsymbol{x}_t \to \boldsymbol{x}_{t-1}$ 为确定性过程，则 $\boldsymbol{x}_t \to \boldsymbol{x}_0$ 也为确定性

过程，即给定相同的$\boldsymbol{x}_t$，可以生成相同的$\boldsymbol{x}_0$，生成过程中的随机性被去除了，这个过程就是 DDIM。

$$\boldsymbol{x}_{t-1}=\sqrt{\bar{\alpha}_{t-1}}\left[\frac{\boldsymbol{x}_t-\sqrt{1-\bar{\alpha}_t}\,\boldsymbol{\epsilon}_\theta\left(\boldsymbol{x}_t,t\right)}{\sqrt{\bar{\alpha}_t}}\right]+\sqrt{1-\bar{\alpha}_{t-1}-\sigma_t^2}\,\boldsymbol{\epsilon}_\theta\left(\boldsymbol{x}_t,t\right)+\sigma_t\boldsymbol{\epsilon}_t$$
（6-19）

DDPM 中前向扩散过程为马尔可夫链，其反向扩散过程需要一步一步执行，总共执行T步。而在 DDIM 中前向扩散过程被定义为非马尔可夫链，其反向扩散过程也可以是非马尔可夫链，因此不需要一步一步执行采样，从而减少采样步数，提高采样效率。从完整前向扩散时间序列$[1,\cdots,T]$中提取长度为S的时间序列子集$\tau=[\tau_1,\cdots,\tau_S]$，其对应的前向扩散子数据集序列为$\left[\boldsymbol{x}_{\tau_1},\cdots,\boldsymbol{x}_{\tau_S}\right]$，$\boldsymbol{x}_{\tau_i}$满足边缘分布$q\left(\boldsymbol{x}_{\tau_i}\mid\boldsymbol{x}_0\right)=\mathcal{N}[\sqrt{\bar{\alpha}_{\tau_i}}\boldsymbol{x}_0,\left(1-\bar{\alpha}_{\tau_i}\right)\boldsymbol{I}]$。此时，采样过程可以按照时间序列子集$[\tau_S,\cdots,\tau_1]$顺序执行，迭代次数为$S$。这种跨步采样方法被称为 Respacing。时间序列子集τ可以由使用者自行设定，DDIM 中使用的是线性采样（$\tau_i=[iC]$）和二次方采样（$\tau_i=[iC^2]$），其中C为常量，用于控制τ_{-1}接近T。

由于 DDIM 与 DDPM 的前向扩散过程的边缘分布$q_\sigma\left(\boldsymbol{x}_t\mid\boldsymbol{x}_0\right)$形式相同，训练的目标函数也相同，因此 DDIM 可以复用 DDPM 的训练过程和训练好的模型。通过控制扩散过程第τ_i步的噪声参数σ_{τ_i}，可以控制扩散过程是 DDPM，还是 DDIM。因此 DDIM 的提出者在此引入一个新参数η来控制扩散过程的选择［见式（6-20）］。当$\eta=1$

时，扩散过程为 DDPM，扩散过程为马尔可夫链，逐步采样；当 $\eta=0$ 时，扩散过程为 DDIM，扩散过程为非马尔可夫链，可以使用 Respacing 采样。

$$\sigma_{\tau_i}(\eta)=\eta\sqrt{\left(1-\bar{\alpha}_{\tau_{i-1}}\right)/\left(1-\bar{\alpha}_{\tau_i}\right)}\sqrt{1-\bar{\alpha}_{\tau_i}/\bar{\alpha}_{\tau_{i-1}}} \tag{6-20}$$

表 6-1 展示了 DDIM 与 DDPM 在不同采样步数下生成 CIFAR10 图像和 CelebA 图像的 FID（Fréchet Inception Distance，用来计算真实图像与生成图像的特征向量间距离的一种度量）对比。可以看出，在 DDIM 采样 100 步的情况下即可生成与 DDPM 采样 1000 步的指标相近的结果。由此可见，DDIM 确实明显提升了采样效率。同时，从图 6-8 中可以看出，由于 DDIM 的采样过程的确定性，DDIM 在不同采样步数下可以生成相同的结果，这一点与 GAN 是相同的。

表6-1　DDIM与DDPM在不同采样步数下生成不同图像的FID对比[3]

		CIFAR10 (32 × 32)					CelebA (64 × 64)				
	S	10	20	50	100	1000	10	20	50	100	1000
η	0.0	**13.36**	**6.84**	**4.67**	**4.16**	4.04	**17.33**	**13.73**	**9.17**	**6.53**	3.51
	0.2	14.04	7.11	4.77	4.25	4.09	17.66	14.11	9.51	6.79	3.64
	0.5	16.66	8.35	5.25	4.46	4.29	19.86	16.06	11.01	8.09	4.28
	1.0	41.07	18.36	8.01	5.78	4.73	33.12	26.03	18.48	13.93	5.98

总结一下，DDIM 定义了一种非马尔可夫链的前向扩散过程，使其反向扩散过程也可为非马尔可夫链，因此可使用 Respacing 进行采样，从而减少采样步数，提升采样速度。

图 6-8　DDIM 与 DDPM 在不同采样步数下生成的图像 CelebA 的对比（从上至下分别为 DDPM 采样 1000 步生成的结果，DDIM 采样 1000 步生成的结果，DDIM 采样 100 步生成的结果）[3]

2. IDDPM

DDPM 较之前的扩散模型效果取得了非常明显的提升，但是，DDPM 的提出者也指出，虽然生成的图像质量在 FID 和 IS 指标上很好，但在极大似然上并不出色。简单讲，就是 DDPM 生成的图像与训练用的数据集不够相似，且生成图像的模式不够丰富。在此情况下，改进的去噪扩散概率模型（Improved Denoising Diffusion Probabilistic Model，IDDPM）[4] 被提出并被用于提升扩散模型的极大似然。

1）学习后验分布方差

在 DDPM 的前向扩散过程中，每步噪声的方差 β_t 是固定的，采样过程中由于后验分布的方差 $\tilde{\beta}_t$ 也为固定值，因此不需要估计。采样过程中仅后验分布的均值被估计［见式（6-14）］。DDPM 中其实还使用了 β_t 作为后验分布的方差进行试验，发现与使用 $\tilde{\beta}_t$ 作为方差生成的图像质量几乎一样。于是 IDDPM 的提出者思考为何两个不同的后验分布方差可以取得相似的生成效果。IDDPM 的提出者认为，β_t 和 $\tilde{\beta}_t$ 可以看作后验分布方差的上下界。如图 6-9 所示，通过计算不同采样步数的 $\beta_{\text{ratio}} = \tilde{\beta}_t / \beta_t$ 后发现，在最初的几步采样中，β_{ratio} 较大，说明 β_t 和 $\tilde{\beta}_t$ 的差别较大。在后续的采样过程中，β_t 和 $\tilde{\beta}_t$ 几乎相同，这就导致了两个不同的后验分布的方差在采样后可以取得相似的生成效果。当 $T \to \infty$ 时，不同的后验分布方差对采样过程没有影响，后验分布最终还是由均值决定的。

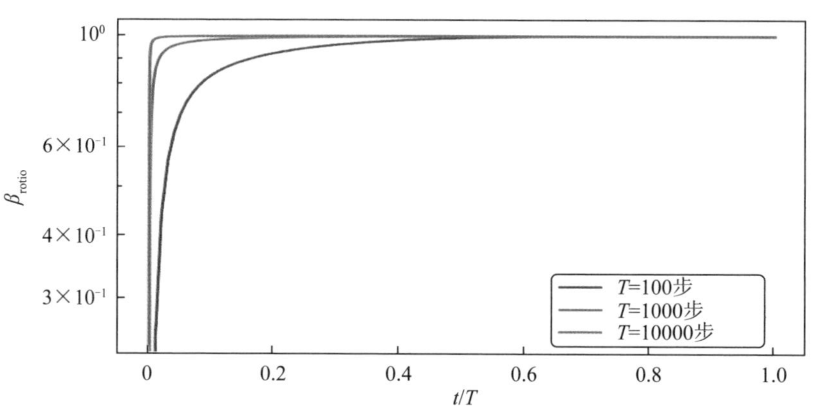

图 6-9　β_{ratio} 随采样步数的变化 [4]

IDDPM 的提出者还发现，对于 DDPM 而言，在采样的最初 50 步左右对损失函数的优化最为重要，损失值下降速度最快，如图 6-10 所示。

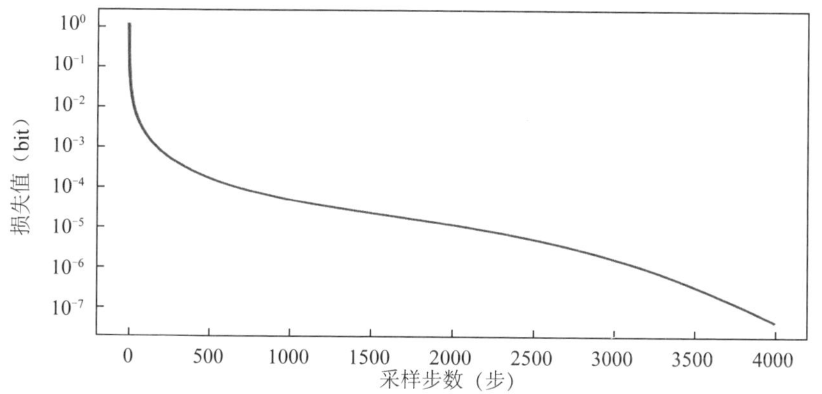

图 6-10　损失值随采样步数的变化[4]

这表明，在采样过程经过 50 步后就可以生成比较好的 $\boldsymbol{x}_0$。而采样最开始的几步，β_t 和 $\widetilde{\beta}_t$ 的差别较大，因此 IDDPM 的提出者假设后验分布方差的最优解可能就是 β_t 和 $\widetilde{\beta}_t$ 的线性组合，可以使用一个神经网络 $\Sigma_\theta(\boldsymbol{x}_t,t)$ 来估计线性组合系数 v，以获得更优的后验分布的方差，从而提升扩散模型的极大似然。神经网络 $\Sigma_\theta(\boldsymbol{x}_t,t)$ 的形式如式（6-21）所示。由于 $\log\beta_t$ 与 $\log\widetilde{\beta}_t$ 的差别与 β_t 和 $\widetilde{\beta}_t$ 的差别相比更大，因此在对数上学习。

$$\Sigma_\theta(\boldsymbol{x}_t,t)=\exp[v\log\beta_t+(1-v)\log\widetilde{\beta}_t] \tag{6-21}$$

在 DDPM 中，简化后的损失函数 L_{simple} 仅能优化 $\mu_\theta(\boldsymbol{x}_t,t)$，因此 IDDPM 中加入了变分下界 L_{VLB}，通过计算每一步采样的 KL 散度来优化 $\Sigma_\theta(\boldsymbol{x}_t,t)$。混合损失函数形式如式（6-22）所示。由于均值 $\mu_\theta(\boldsymbol{x}_t,t)$ 对最终采样结果的影响更大，变分下界的损失不能对均值估计影响太大，因此设置 λ 的数值较小，为 0.001。同时，L_{VLB} 损失项产

生的梯度不对 μ_θ 参数进行更新，以保证 μ_θ 还是使用 L_{simple} 来优化。

$$L_{\text{hybrid}} = L_{\text{simple}} + \lambda L_{\text{VLB}} \tag{6-22}$$

2）优化噪声添加过程

在 DDPM 的前向扩散过程中，每一步添加噪声的方差 β_t 是线性增加的。IDDPM 的提出者发现，这种添加噪声的方式对于高分辨率图像是适用的，但是对于低分辨率图像，这种加噪方式过快地破坏了图像结构，加噪图像过早地变成高斯噪声。如图 6-11 所示，使用线性加噪的方式训练扩散模型后，采样过程即便跳过前 20% 的步数，生成图像的效果并没有受到明显影响。因为加噪速度快，使得最后 20% 左右的加噪图像已经是高斯分布，使用此部分数据训练模型已经是一种冗余。因此，IDDPM 的提出者提出了一种余弦加噪方式，见式（6-23）。

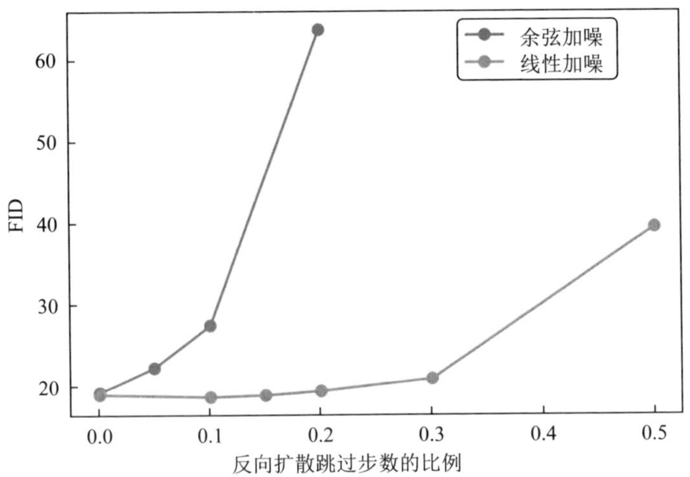

图 6-11　余弦加噪与线性加噪生成的图像的 FID 对比 [4]

$$\bar{\alpha}_t = \frac{f(t)}{f(0)}, f(t) = \cos\left(\frac{t/T+s}{1+s} \cdot \frac{\pi}{2}\right) \tag{6-23}$$

其中，s=0.008

从式（6-23）可以看出，$\bar{\alpha}_t$ 下降越快，$\sqrt{1-\bar{\alpha}_t}$ 上升越快，则前向扩散过程中噪声添加速度越快。从图 6-12 中可以看出，余弦加噪方式的 $\bar{\alpha}_t$ 下降速度小于线性加噪方式，因此在前向扩散过程中噪声添加速度也更慢，更直观的对比可以看图 6-13。

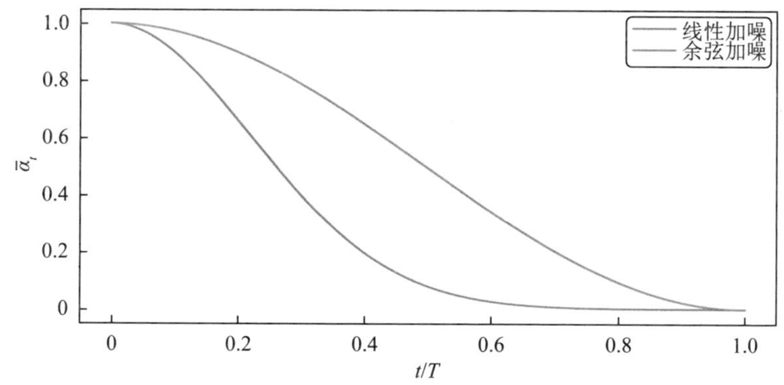

图 6-12　余弦加噪与线性加噪的 $\bar{\alpha}_t$ 对比 [4]

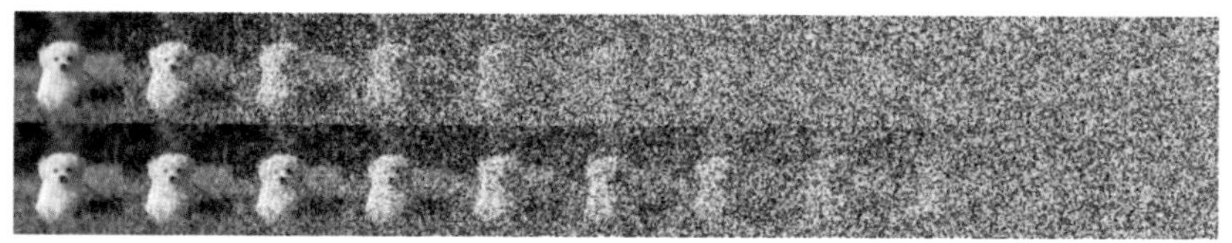

图 6-13　线性加噪方式（第一行）与余弦加噪方式（第二行）的对比 [4]

从图 6-13 中可以看出，使用余弦加噪方式训练扩散模型后，若跳过采样过程最初的一些步数，图像生成效果下降明显，说明余弦加噪过程更适合扩散模型的训练。

3）降低梯度噪声

IDDPM 的提出者在训练过程中发现，单独优化 L_{VLB} 的话，训练过程不稳定。他们认为，不同采样步数的 L_{VLB} 的边际分布不同，因此当均匀采样步数 t 时会带来不必要的噪声。于是，他们设计了重要性采样，如式（6-24）所示。

$$L_{\mathrm{VLB}} = E_{t \sim p_t}$$

$$\text{其中，} p_t \propto \sqrt{E\left[L_t^2\right]}, \sum p_t = 1 \tag{6-24}$$

在实际训练 IDDPM 的过程中，一开始还是均匀采样步数 t，直至每个采样步数 t 被采样 10 次。然后，使用所有采样步数 t 最近的 10 次的损失值按照式（6-24）进行重要性采样，损失值较高的采样步数 t 更容易被选择。在后续的过程中，动态地维护每个采样步数 t 的最近 10 次损失值，以便动态地进行重要性采样。这样，L_{VLB} 的优化会更多地关注损失值较大的采样步数 t。从图 6-14 中可以看出，使用重要性采样后，训练曲线更加平稳，收敛速度也更快。

IDDPM 也证明了其采样过程也是可以实现类似 DDIM 的 Respacing 过程，进行跳步采样，从而减少采样次数，提升采样效率。经过上述过程的优化，IDDPM 的图像生成效果优于 DDPM，甚至优于 DDIM，但并未明显优于当时最好的 GAN 模型——BigGAN。

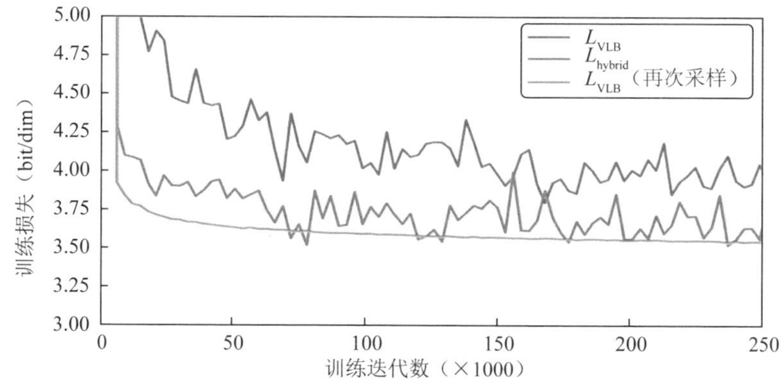

图 6-14　使用重要性采样前后的 IDDPM 的训练曲线对比 [4]

3. 分类器引导

与扩散模型相比，GAN 模型在大部分图像生成任务中都是 SOTA，可以生成高质量的图像，但生成图像的多样性还有所欠缺。GAN 模型生成样本多样性相比基于似然度的模型（如扩散模型）要差，而且比较难训练，需要选择合适的超参数和适当的正则化方法，否则很容易训练崩溃。但实际情况是，扩散模型具有生成样本分布广、使用静态训练目标且易于扩展等优点，但在大部分数据集的生成任务中与 GAN 模型依然有较大的差距。

论文《在生成图像中扩散模型击败 GAN》（*Diffusion Models Beat GANs on Image Synthesis*）[5] 的作者提出了造成这种差距的可能的原因：① GAN 模型的网络架构十分完善，扩散模型网络架构需要改进；② GAN 模型在生成样本的多样性和真实度方面取得了平衡，可以生成高真实度的样本，但牺牲了样本的多样性。基于此，该论文作者改进了现有扩散模型架构，同时提出平衡扩散模型生成样本多样性和真实度的方法。

1）扩散模型架构优化

该论文作者探索了如下修改模型结构的方法：

- 增加模型的深度，同时减少模型宽度，以保持模型大小不变；
- 增加自注意力模块头部的数量；
- 在多分辨率32×32、16×16和8×8上使用自注意力模块；
- 使用BigGAN的残差块进行升采样和降采样；
- 对残差连接使用$\frac{1}{\sqrt{2}}$因子缩放。

经过大量的消融实验，该论文作者发现，使用128作为基础通道数；使用BigGAN的升采样与降采样模块，在每个分辨率下使用2个残差模块；使用多分辨率自注意力模块，每个自注意力模块使用4个头部，每个头部使用64个通道，这样可在ImageNet 128×128数据集上获得最好的图像生成效果。

该论文作者又提出了自适应组归一化（Adaptive Group Normalization，AdaGN）[见式（6-25）]，用于将时间步数t和图像类别特征注入每个残差模块中。首先将残差模块的输出使用GroupNorm进行分布归一化，使用y_s和y_b进行重分布化。y_s和y_b来自时间步数t和图像类别特征的线性投影。AdaGN有点类似于StyleGAN中的AdaIN，可以将条件信息注入模型中。

$$\text{AdaGN}(h, y) = y_s \text{GroupNorm}(h) + y_b \qquad (6\text{-}25)$$

2）分类器引导扩散过程

之前提到的 DDPM、DDIM 和 IDDPM 都是无条件扩散模型，生成何种图像是不可知的。可以使用一个条件特征，引导扩散模型生成某特定类别的图像。该论文中使用了分类器引导（Classifier Guidance）将扩散模型的采样过程引导至某特定类别上。在实际训练过程中，利用采样过程中的图像 $\boldsymbol{x}_t$ 训练一个分类器 p_φ，将分类器对 $\boldsymbol{x}_t$ 的梯度信息 $\nabla_{\boldsymbol{x}_t}\log p_\varphi(y|\boldsymbol{x}_t)$ 引入扩散过程，用于引导 $\boldsymbol{x}_{t-1}$ 的生成。采样过程中 $\boldsymbol{x}_{t-1}$ 的生成有两种方式：一种是 DDPM 中 $\boldsymbol{x}_{t-1}$ 在后验分布中进行采样，$\boldsymbol{x}_{t-1}$ 是不确定的；另一种是 DDIM 中 $\boldsymbol{x}_{t-1}$ 确定性生成。对于这两种不同的采样情况，有不同的分类器引导方法。

对于 DDPM 采样的分类器引导如式（6-26）[5] 所示。需要说明的是，式（6-26）中 $\Sigma_\theta(\boldsymbol{x}_t, t)$ 来自 IDDPM 对于后验分布方差的估计。可以看出，分类器对 $\boldsymbol{x}_t$ 的梯度信息被用于后验分布均值的估计，用于控制后验分布。参数 s 为引导信息缩放参数，s 越大，分类器引导性就越强，采样结果也越接近特定的图像类别。DDIM 在采样过程中可以估计出噪声，采样过程是确定的。分类器对 $\boldsymbol{x}_t$ 的梯度信息引入噪声的估计，如式（6-27）所示。然后将引导后的噪声估计 $\hat{\boldsymbol{\epsilon}}$ 替换 $\epsilon_\theta(\boldsymbol{x}_t, t)$，进而得到 $\boldsymbol{x}_{t-1}$。

$$\boldsymbol{x}_{t-1} \sim \mathcal{N}[\mu_\theta(\boldsymbol{x}_t, t) + s\sum\nabla_{\boldsymbol{x}_t}\log p_\varphi(y|\boldsymbol{x}_t), \Sigma_\theta(\boldsymbol{x}_t, t)] \qquad (6\text{-}26)$$

$$\hat{\epsilon} = \epsilon_\theta\left(\boldsymbol{x}_t, t\right) - \sqrt{1-\bar{\alpha}_t}\nabla_{\boldsymbol{x}_t}\log p_\varphi\left(y \mid \boldsymbol{x}_t\right) \tag{6-27}$$

该论文中的消融实验结果表明，使用分类器引导可以明显提升条件扩散或非条件扩散的生成效果，而且生成图像的真实性与多样性均优于之前的扩散模型，甚至优于 GAN 模型的 SOTA——BigGAN。如图 6-15 所示，可以看出，BigGAN 生成的图像比较单一，而使用分类器引导的扩散模型生成的图像多样性更好，如在生成鸵鸟和火烈鸟图像时，不仅可以生成完整物体的图像，还可以生成特写图像。

图 6-15　分类器引导采样与 BigGAN 生成的图像对比（左侧列为 BigGAN 生成的图像，中间列为分类器引导采样生成的图像，右侧列为训练集图像）[5]

上述过程的引导信息使用的是类别标签。当然，引导信息可以是文本或图像，也可以是文本和图像的混合，这在论文 *More Control for Free! Image Synthesis with Semantic Diffusion Guidance*[13] 中有详细介绍。

4. 无分类器引导

虽然使用分类器引导的扩散模型生成图像效果很好，但是分类器的使用也存在着一些问题：① 增加了采样过程的计算量。在采样过程的每一步中，除了要运行扩散模型进行推理，还需要运行分类器进行推理。② 扩散模型和分类器需要分别训练，不利于进一步扩增模型规模，无法通过联合训练获得更好的结果。③ 分类器的性能决定了采样生成图像的效果。使用分类器损失的梯度更新图像的方法其实是对分类器进行对抗攻击的经典做法。如果一个分类器的性能差，即便扩散模型能生成符合分类器预测的样本，也不能说明扩散模型确实逼近了条件分布。

为了解决这些问题，《无分类器引导的扩散模型》（*Classifier-Free Diffusion Guidance*）[6] 提出了一种引导方法替换了外部的分类器，从而仅使用一个扩散模型同时做采样和条件引导。在无分类器引导中，一个扩散模型支持两种类型的输入：一种是时间 t 和加噪图像 $\boldsymbol{x}_t$，这与其他扩散模型相同，形式为 $\epsilon_\theta\left(\boldsymbol{x}_t,t\right)$；另一种是除 t 和 $\boldsymbol{x}_t$ 外，还将条件的嵌入特征输入扩散模型，形式为 $\epsilon_\theta\left(\boldsymbol{x}_t,t,y\right)$。训练时，随机地将条件信息作为扩散模型输入，优化相同的损失函数 [见式（6-15）]。在采样过程中，第 t 步的噪声估计按式（6-28）的方式进行，$[\epsilon_\theta\left(\boldsymbol{x}_t,t,y\right)-\epsilon_\theta\left(\boldsymbol{x}_t,t\right)]$ 为条件 y 的引导信息，s 与分类器引导一致，是引导信息缩放参数。后续过程可以使用 DDPM 的方式［见式（6-14）］或 DDIM 的方式［见式（6-19）］获得 $\boldsymbol{x}_{t-1}$。

$$\hat{\boldsymbol{\epsilon}} = \boldsymbol{\epsilon}_\theta\left(\boldsymbol{x}_t, t\right) + s \cdot \left[\boldsymbol{\epsilon}_\theta\left(\boldsymbol{x}_t, t, y\right) - \boldsymbol{\epsilon}_\theta\left(\boldsymbol{x}_t, t\right)\right] \tag{6-28}$$

式（6-28）受到隐式分类器［见式（6-29）］的启发，其梯度可以用式（6-30）表示。基于此，在采样过程的每一步中，有条件信息输入扩散模型估计的噪声，与无条件信息输入扩散模型估计的噪声的差值，即可用于引导扩散。

$$p^i\left(y \mid \boldsymbol{x}_t\right) \propto \frac{p\left(\boldsymbol{x}_t \mid y\right)}{p\left(\boldsymbol{x}_t\right)} \tag{6-29}$$

$$\nabla_{\boldsymbol{x}_t} \log p^i\left(y \mid \boldsymbol{x}_t\right) \propto \nabla_{\boldsymbol{x}_t} \log p^i\left(\boldsymbol{x}_t \mid y\right) - \nabla_{\boldsymbol{x}_t} \log p^i\left(\boldsymbol{x}_t\right) \propto \boldsymbol{\epsilon}^*\left(\boldsymbol{x}_t \mid y\right) - \boldsymbol{\epsilon}^*\left(\boldsymbol{x}_t\right) \tag{6-30}$$

无分类器引导也存在一个问题，即当条件信息改变时，如类别标签变为文本或图像时，扩散模型无法复用，需要重新训练，这使得训练成本比较高。

无分类器引导提出了一种新的多模态特征生成图像的方式，这为后续诸多文本生成图像模型奠定了基础。

6.1.3 扩散模型应用

1. CLIP

在介绍扩散模型在文本生成图像领域的应用之前，我们先来了解一下将图像与文本进行匹配的方法——CLIP。

之前的图像分类任务很多使用图像分类标签做有监督训练。一个大规模图像数据集，如ImageNet数据集共有超过1400万张图像，要对每张图像打标签是一项成本很高的任务，需要耗费大量人力。而且，图像的类别标签是有限的，严格的监督训练方式限制了模型的泛化性和实用性，新的任务需要新的标注和训练。为此，OpenAI的研究人员指出，可以将描述图像的自然语言文本用于图像的表征学习，这样既可以容易地构建大规模数据集，又可以从文本中获取比标签更丰富的监督信息，因此论文*Learning Transferable Visual Models from Natural Language Supervision*[7]提出了基于对比的语言-图像预训练（Contrastive Language-Image Pre-training，CLIP）模型。

使用自然语言作为监督信息的一个动机是，自然语言描述图像的数据集容易获取。现有的文本-图像配对数据集数量较少，如MS-COCO和Visual Genome仅包含10万对数据；YFCC100M数据集虽然包含1亿对文本-图像数据，但对文本筛选后，可用的数据量为1500万对。研究人员认为，这样的数据量太少，会低估自然语言监督表征学习的能力。因此，研究人员使用50万个检索词，以覆盖尽量多的视觉概念。他们在互联网公开的资源中，收集了约4亿对包含检索词的文本-图像数据，构建了一个大规模的图文数据集用于训练CLIP。

CLIP的训练过程不再针对分类任务，而是训练图文匹配。如图6-16（1）所示，CLIP中包含一个图像编码器，用于从图像中提取特征。在该论文中分别试验了 5 种基于 ResNet 结构和 3 种基于 ViT 结构的图像编码器。CLIP 中还包含一个 Transformer 结构的文本编码器，用于从文本中提取特征。将图像特征和文本特征线性投影到多模态嵌入空间，然后计算二者的内积即相似度。训练目标是提升配对的文本-图像特征的相似度（如 $I_1 \cdot T_1$），降低非配对的文本-图像特征的相似度（如 $I_1 \cdot T_1$）。

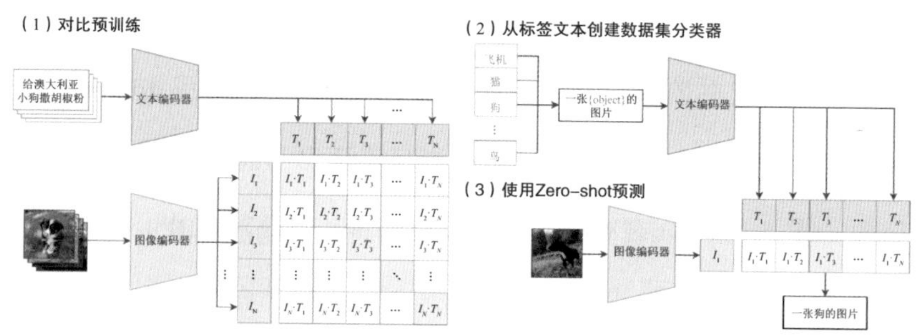

图 6-16　CLIP 的对比训练和 Zero-shot 预测过程[7]

CLIP 可以应用于其他图像数据集的 Zero-shot 分类。Zero-shot 分类是指对未知的图像类别进行预测。在 CLIP 训练过程中，并未用到任何图像的分类标签，而使用自然语言信息作为监督信息。CLIP 对其他图像分类任务进行 Zero-shot 预测时，会先构建特定数据集类别的文本。如图 6-16（2）所示，将图像类别标签转换为文本，格式为“A photo of {object}”（一张｛object｝的图片），然后使用 CLIP 中的文本编码器获得每一个标签文本的特征。将需要预测的图像输入 CLIP 的图像编码器获得图像特征。将图像特征和文本特征线性投影到多模态嵌入空间，计算二者的相似度，确定相似度最高的类别及输入图像所述的类别。研究人员在总共 27 个分类任务上使用 CLIP 做 Zero-shot 预测，发现其中 16 个任务的分类指标优于使用标签监督训练的 ResNet-50 模型。

CLIP 的出现为多模态训练和 Zero-shot 预测提供了一种思路。在使用大规模数据集预训练的情况下，模型的鲁棒性很强。同时，CLIP 可以灵活地和其他视觉任务结合在一起。后续 OpenAI 一系列的文本生成图像均是基于 CLIP 的。

2. DALL•E

DALL•E 并没有使用扩散模型进行文本生成图像过程，但它是 OpenAI 一系列文本生成图像的早期工作。[8] 如图 6-17 所示，DALL•E 将文本生成图像分为两个阶段，需要训练两个模型。

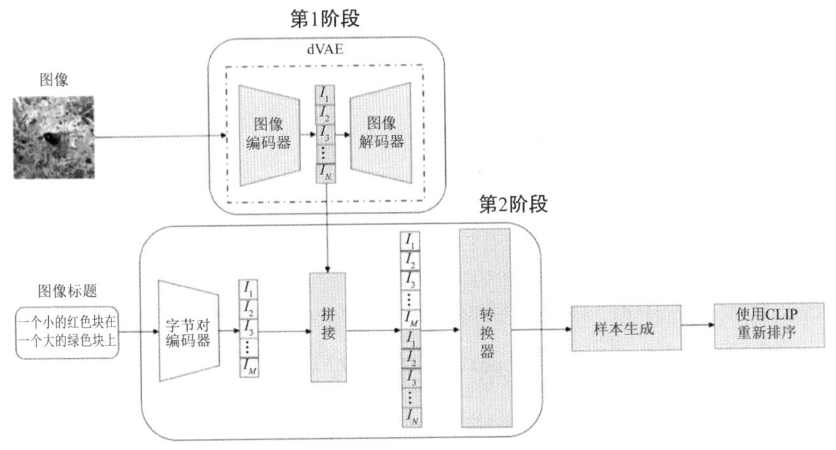

图 6-17　DALL • E 文本生成图像训练与生成流程 [8]

在第 1 阶段中，使用图像数据训练离散变分自编码器（dVAE）

模型用于获取图像的离散特征编码，同时利用离散特征解码器进行图像重建。dVAE 的编码器将输入图像分辨率从 256×256 压缩到 32×32 并做离散化处理，再展开为 1024 的令牌序列，以此序列作为图像的离散特征。在第 2 阶段中，文本描述通过字节对编码器（Byte Pair Encoder，BPE）获得文本特征，将其与图像的离散特征拼接在一起。然后训练一个自回归的 Transformer 模型。取出自回归后的图像特征，输入 dVAE 的解码器获得与文本描述对应的图像。同一文本同时生成 512 张图像，使用 CLIP 计算文本与每个生成的图像的相似度，相似度最高的图像即为最终的生成结果。

DALL•E 支持两种图像生成模式：① 仅使用文本作为输入时，自回归 Transformer 会解码出图像特征，用于 dVAE 的解码器生成图像。② 使用文本和图像同时作为输入时，可以理解为文本对现有图像提供了一些修正信息，以现有图像为基础生成图像。DALL•E 使用 2.5 亿对文本-图像数据用于训练，模型参数超过 120 亿个，取得了令人惊叹的图像生成效果，进一步证实了大量数据和超大模型规模对深度学习的重要性。

3. GLIDE

GLIDE（Guide Language to Image Diffusion for Generation and Editing）使用扩散模型来生成图片，是继 DALL•E 之后，被提出的又一文本生成图像模型。[9] 在技术上，GLIDE 创新点不多，其模型结构与语义扩散指导（Semantic Diffusion Guidance，SDG）中的自

编码器相同，但是进一步增加了模型参数规模，使最终的模型参数量达到 35 亿个。它使用无分类器引导将文本信息用于引导扩散过程。GLIDE 也尝试使用 CLIP 的文本-图像特征相似度做引导，但图像生成效果没有无分类器引导的效果好。训练数据是与 DALL•E 相同的大规模文本-图像对数据集。GLIDE 也是一个典型的 OpenAI 模型，使用大规模数据及训练超大模型，大力出奇迹。最终，在文本生成图像任务上，GLIDE 的图像生成效果明显优于 DALL•E。

GLIDE 还可以进行图像修复（Image Inpainting），如图 6-18 所示。

"斑马在田野中漫游"

"一个女孩搂抱桌子上的柯基"

"一个红头发的男人"

"一瓶花"

"一辆旧车在白雪皑皑的树林里"

"一个戴着白帽子的男人"

图 6-18　使用 GLIDE 进行图像修复示例 [9]

给定一个图像，在图像区域中标注需要修改的区域，GLIDE 将此区域修改为符合文本描述的内容。要实现图像修复，需要微调训练好的 GLIDE。在微调过程中，随机擦除训练图像的某个区域，将擦除区域的掩模与图像一起作为输入，输入包含 4 个通道，因此将扩散模型的初始输入通道调整为 4。训练过程和采样过程仅在擦除区域进行，保持未擦除区域不变。

4. DALL•E2

在 GLIDE 中，CLIP 的文本–图像特征相似度被用于引导扩散，但是 CLIP 的文本特征与图像特征并未作为条件直接输入扩散模型。为了充分利用 CLIP 的文本–图像匹配能力，继 GLIDE 后，DALL•E2 被提出，将 CLIP 的文本特征与图像特征作为扩散模型的条件。[10]

DALL•E2 文本生成图像过程需要利用三个模型，分别是 CLIP、解码器和先验，如图 6–19 所示。

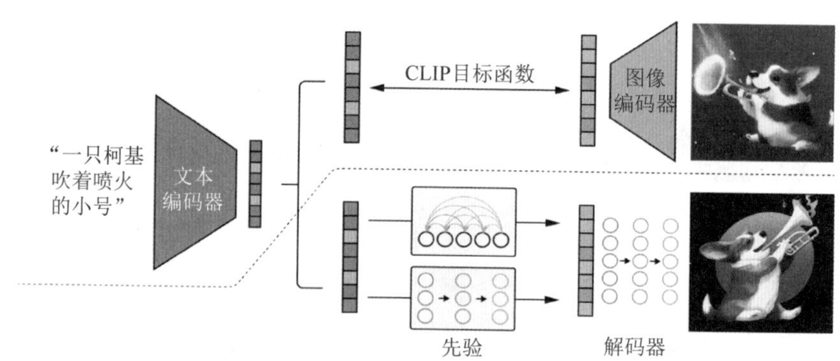

图 6–19　DALL • E2 文本生成图像过程 [10]

CLIP 是预训练模型，不需要训练。图像输入 CLIP 图像编码器获得图像特征，使用此图像特征训练解码器生成特征对应图像。解码器包含三个扩散模型作为子模型。第一个子模型是以 CLIP 图像特征作为条件输入的扩散模型，使用无分类器引导训练，生成分辨率为 64×64 的图像；第二和第三个子模型是超分扩散模型，用于提升第一个子模型输出的图像的分辨率，它们分别将分辨率提升至 256×256 和 1024×1024 。最终，解码器输出的图像的分辨率为 1024×1024 。

先验的作用是将文本描述输入 CLIP 文本编码器，文本特征转化为解码器可用的图像特征，进而使用解码器生成图像。在论文 *Hierarchical Text-Conditional Image Generation with CLIP Latents*[10] 中，作者探索了两种先验形式：一种是类似 DALL•E 中自回归 Transformer 的自回归先验。训练自回归先验的方法与 DALL•E 类似。另一种是以 CLIP 文本特征作为条件训练一个扩散模型生成相应的 CLIP 图像特征，这种先验被称为扩散先验。训练这两种先验时均使用无分类器引导用于提升生成的图像与文本条件的匹配度。经过试验发现，使用扩散先验生成的图像的效果要明显优于使用自回归先验生成的图像的效果。

大量试验证实，DALL•E2 文本生成图像的效果优于 GLIDE，而且由于 CLIP 可以对下游任务做 Zero-shot 预测，DALL•E2 也可以实现 Zero-shot 生成。此外，DALL•E2 的另一个优点是可以实现图像和文本的插值生成。有两张参考图像 $\boldsymbol{x}_1$ 和 $\boldsymbol{x}_2$ ，CLIP 图像编码器对这两张图像提取特征 z_{i_1} 和 z_{i_2}，使用球面插值获得插值结果 $z_{i_\theta}=\text{slerp}\left(z_{i_1},z_{i_2},\theta\right)$，$\theta$ 为插值系数，取值范围为 $[0,1]$。将插值后的图像特征 z_{i_θ} 输入解码器便可获得 $\boldsymbol{x}_1$ 和 $\boldsymbol{x}_2$ 融合的图像。在给定参考图像 $\boldsymbol{x}$ 的情况下，对于两个文本 t_1 和 t_2 进行插值，使用 CLIP 图像编码器获得参考图像特征 z_i，使用 CLIP 文本编码器对两个文本进行编码获得 z_{t_1} 和 z_{t_2}，计算文本特征差异 $z_d=\text{norm}\left(z_{t_2}-z_{t_1}\right)$，使用球面插值获得插值结果 $z_\theta=\text{slerp}\left(z_i,z_d,\theta\right)$，$\theta$ 为插值系数，取值范围通常为 $[0.25,0.5]$。图像插值效果和文本插值效果如图 6-20 和图 6-21 所示。

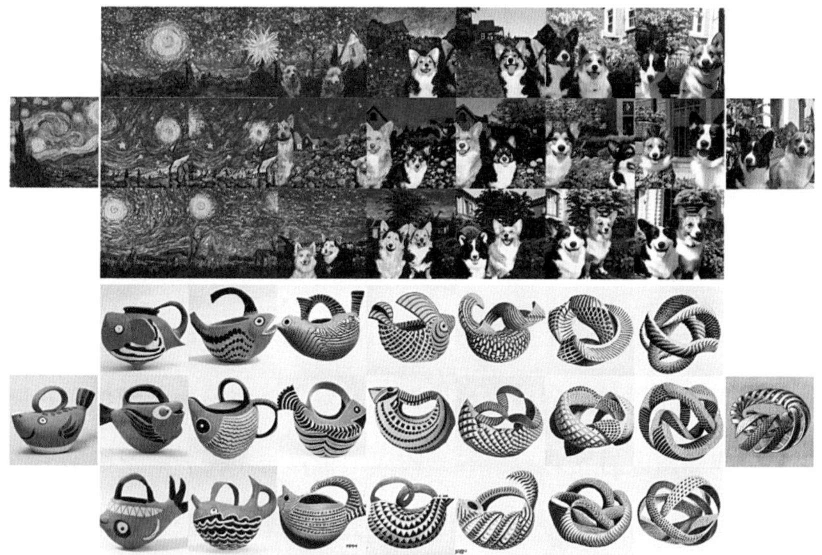

图 6-20　DALL・E2 图像插值效果（第一列和最后一列为参考图像）[10]

图 6-21 DALL・E2 文本插值的效果（第一列为参考图像）[10]

DALL•E2 文本插值生成的图像效果非常惊艳，为图像生成和处理领域树立了新的标杆。

5. Imagen

Imagen 是谷歌提出的基于扩散模型的文本生成图像方法。[11] 它在之前文本生成图像的扩散模型基础上，做出了以下三点改进：

（1）Imagen 直接使用预训练的大规模语言模型作为本文编码器。在之前的文本生成图像模型中，文本编码器一般是在训练扩散模型的过程中被训练的。DALL•E2 中使用预训练的 CLIP 提取文本特征。而 CLIP 是一个文本-图像匹配模型，并不是一个独立的语言模型。Imagen 中使用的文本编码器仅使用大规模文本数据训练，并且在训练扩散模型的过程中，文本编码器参数固定，不会被更新。

Imagen 最终使用 T5-XXL 作为文本编码器。

（2）Imagen 修改了扩散模型结构，提升了运行效率，降低了显存占用。如图 6-22 所示，Imagen 中的扩散模型与 DALL·E2 的解码器类似，包含一个文本生成图像扩散模型，使用文本编码器输出的文本特征作为条件输入，以无分类器引导的方式训练，生成分辨率为 64×64 的图像；再由两个超分扩散模型将生成图像升采样到分辨率为 1024×1024 。Imagen 中的超分扩散模型使用的为经过修改的 UNet，修改包括减少高分辨率层的特征数量，增加低分辨率层的特征数量，在增大模型容量的同时，尽量降低显存占用的增加和计算量的增加；增加低分辨率层的残差模块数量，对残差连接使用 $\frac{1}{\sqrt{2}}$ 因子缩放，明显提升了模型收敛速度；在每个降采样层中，将降采样操作移位至卷积操作之前；在每个升采样层中，将升采样操作移位至卷积操作之后，在不影响生成效果的情况下，加快了推理速度。

（3）使用动态阈值调整生成图像的数值范围。研究者发现，增大无分类器引导中的引导信息缩放参数，可以使生成的图像更匹配对应的文本，但会降低图像质量，如会出现过饱和或失真等情况。原因是，增大引导信息缩放参数后，生成图像的数值范围会大大超过 [−1,1]。通常的做法是将输出直接截断在 [−1,1] 范围内，因此造成了图像质量下降。Imagen 根据输出图像数值设置一个值 s ，当 $s>1$ 时，将输出图像截断至 $[-s,s]$ 范围内，然后除以 s ；否则，将输出截

断在 [-1,1] 范围内。这样可以根据输出图像数值，动态地将输出图像数值调整至 [-1,1] 范围内，从而减少低质量图像的生成。

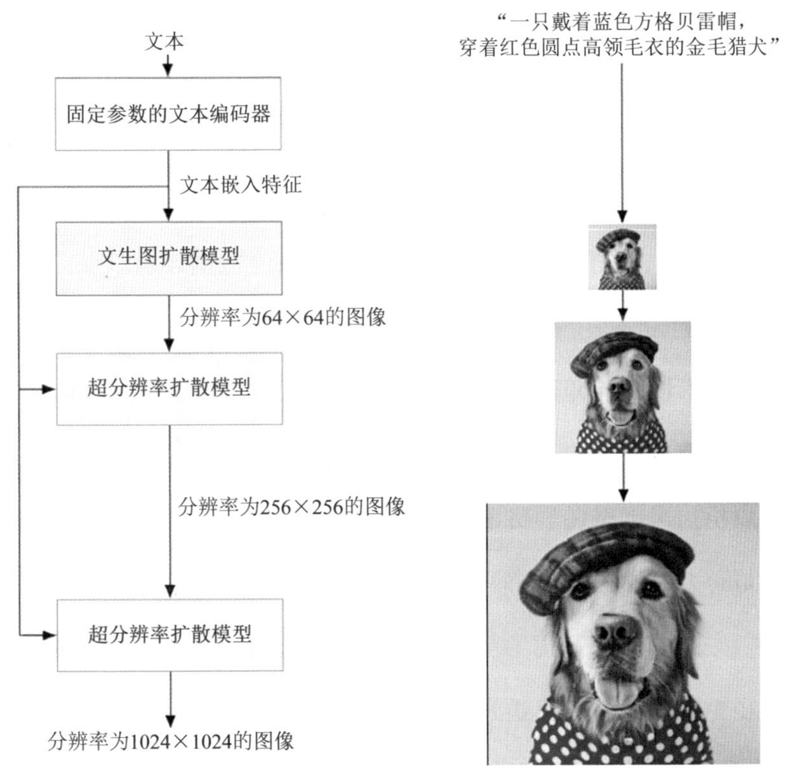

图 6-22　Imagen 的文本生成图像过程 [11]

Imagen 与 DALL·E2 的不同之处还在于，DALL·E2 将文本特征通过一个扩散过程转换为图像特征，然后通过解码器生成图像；而 Imagen 没有将文本特征转换为图像特征，直接使用文本特征作为解码器的条件信息用于图像生成。Imagen 模型参数量约为 30 亿个，使用约 8.6 亿对文本-图像对数据训练。在 MS-COCO 数据集上，

Imagen 的文本生成图像质量、生成图像与文本匹配度等指标均优于 GLIDE 和 DALL·E2。

6. Stable Diffusion

DALL·E2 和 Imagen 虽然在文本生成图像领域取得了巨大成功，但是由于其数据、代码和预训练模型并未公开，其功能只能通过相关服务访问，因此许多开发人员无法直接复现其结果，或者在其基础上进行进一步的开发，这直接限制了 AI 内容创作（AI Generated Content，AIGC）的应用。然而，随着 Stable Diffusion 的开源，开发人员和艺术创作者可以方便地开发和测试基于扩散模型的 AIGC，一大波 AIGC 的相关应用如雨后春笋般出现，这也是近期 AIGC 取得巨大成功的直接原因。Stable Diffusion 基于慕尼黑大学和 AI 初创公司 Runway 研究人员发布的 Latent Diffusion 模型 [12] 进行训练。

Latent Diffusion 与 DALL·E2 和 Imagen 最大的不同之处在于，DALL·E2 和 Imagen 直接在图像空间进行采样扩散，生成低分辨率图像，再由超分扩散模型提升其分辨率。而 Latent Diffusion 通过感知压缩将图像编码至隐空间（Latent Space），忽略图像中的高频特征，保留基础特征，进而在隐空间特征上进行扩散模型的训练和采样。这样能够大幅降低扩散模型训练和采样计算的复杂度，可在 10 秒左右在消费级 GPU 上运行文本生成图像等任务，与 DALL·E2 和 Imagen 等大规模模型相比，大幅降低了相关应用的开发和落地门槛。

Latent Diffusion 模型架构、训练与采样过程如图 6-23 所示。在训练扩散模型前，需要准备三个模型：图像编码器、图像解码器和条件编码器。图像 x 输入图像编码器，获得图像的隐编码 z；图像的隐编码 z 输入图像解码器生成图像 $\tilde{x}$。这里的图像编码器和图像解码器需要在训练扩散模型前进行训练。条件特征 y，包括文本、语义分割图、图像等，输入条件编码器获得条件特征，进而将条件特征加入扩散模型进行有条件生成。

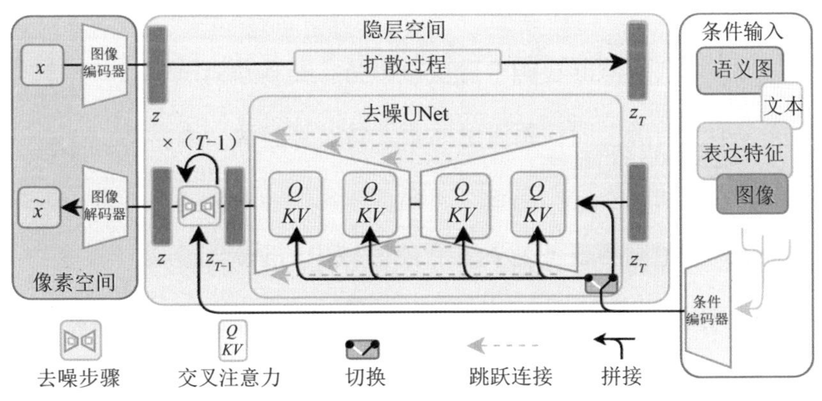

图 6-23　Latent Diffusion 模型架构、训练与采样过程[13]

Latent Diffusion 中作用于图像的隐空间的扩散模型与之前方法类似，依旧以 UNet 结构为主体，不同的是 Latent Diffusion 使用交叉注意力（Cross Attention）将条件特征注入扩散模型中。交叉注意力可以用式（6-31）计算，其中 $\varphi_i(z_t)$ 为 UNet 的一个中间表征，$\mathcal{T}_\theta(y)$ 为条件特征，W_Q^i、W_K^i 和 W_V^i 分别是对应特征的映射的权重，d 为特征维度。交叉注意力将来自不同数据源的特征进行融合，将条件特征引入 UNet 特征图中。

$$\text{交叉注意力}(Q,K,V)=\text{softmax}(\frac{QK^T}{\sqrt{d}}\cdot V) \tag{6-31}$$

其中，$Q=W_Q^i\cdot\varphi_i\left(z_t\right)$，$K=W_K^i\cdot\mathcal{T}_\theta\left(y\right)$，$V=W_V^i\cdot\mathcal{T}_\theta\left(y\right)$

在 Latent Diffusion 模型架构的基础上，得益于 StabilityAI 的计算资源支持和 LAION 的数据资源支持，Stable Diffusion 使用 LAION-5B[14] 数据集的一个子数据集约 23 亿对文本-图像对数据训练，使用有固定参数的 CLIP ViT-L/14 作为文本编码器，训练 Latent Diffusion，最终获得文本生成图像模型。

6.2 生成对抗网络

分类和回归等任务是人工智能领域中的基础任务之一。例如，当需要识别人脸图像时，通常会使用机器学习算法，通过对大量人脸图像数据的学习，建立一个能够提取人脸图像中关键特征的模型，最后实现对人脸的识别和比对。尽管机器学习在某些领域表现出色，但是当计算机被要求生成新的数据时却面临巨大挑战。算法可以击败国际象棋大师，估计股价走势，并对信用卡交易是否可能存在欺诈进行分类。然而，在图像生成任务中，计算机往往难以像人类一样产生丰富多彩的图画，这使得机器生成的内容缺乏创造性和灵活性。

这一切在 2014 年发生了改变，由蒙特利尔大学博士生 Ian Goodfellow 领导的研究团队发明了一项新技术——生成对抗网络

（GAN）。这项技术使用两个独立的神经网络，让计算机能够生成较真实的数据。虽然此前已经有其他算法可以生成数据，但是 GAN 所生成的数据在多样性和真实性方面，完全超越了其他所有算法。

当 GAN 首次被提出时，其仅能生成模糊的脸，然而这一突破性成果受到人们的高度赞扬。仅仅三年后的 2017 年，GAN 技术的不断进步使计算机能够合成高分辨率、高质量的人像。GAN 技术在人工智能领域取得了显著成果，这些成果在过去一直被认为无法实现。比如，生成具有真实质感的图像，将手绘素描图转换成照片般的图像，将马的视频片段转化为奔跑的斑马图片等，却不需要大量精心标注的训练数据。在语音合成领域，GAN 也取得了巨大进展，可以生成逼真的语音。此外，GAN 技术在其他许多领域也得到了广泛应用，如文本生成、医学图像生成等。目前，GAN 技术仍在不断发展，未来有望取得更多突破。

6.2.1 什么是GAN

生成对抗网络（GAN）是一种深度学习的生成模型，由两个神经网络组成：生成器和判别器。为了更好地理解该模型，假设生成器是伪造假币的罪犯，判别器是试图抓住罪犯的警察，假币越像真的，要想识别出假币，警察的侦破能力就要越强，反之亦然。

生成器（Generator）是 GAN 中的一个重要组成部分，其主要任务是生成虚假数据，通常由卷积神经网络（Convolutional Neural

Network，CNN）或循环神经网络（Recurrent Neural Network，RNN）构成。生成器的目标是生成与训练数据成为无差别的样本，以欺骗判别器（Discrimintor）。输入判别器的样本是通过生成器生成的，判别器的目标是识别输入样本是真实的还是虚假的。判别器通常由卷积神经网络（CNN）或多层感知器（Multi-layer Perceptron，MLP）组成，通过提取和分析图像的结构、纹理等特征来评估样本的真实性，并输出该样本真实性概率。因此，生成器和判别器两个网络相互对抗，不断迭代学习，最终达到生成逼真的虚假数据的目的。

从数学角度分析 GAN，GAN 的目标是最小化生成器和判别器之间的损失函数，两者通过博弈来共同提高生成模型的性能。假设有一个样本空间，生成器将随机噪声 z 映射到样本空间中，被称为 $G(z)$，判别器接受一个样本 x 并输出一个概率值 $D(x)$，表示 x 是真实样本的概率。

综上所述，生成器的主要任务是生成虚假数据，而判别器的主要任务则是区分真实数据和虚假数据。

图 6-24 描述了 GAN 的整体框架。

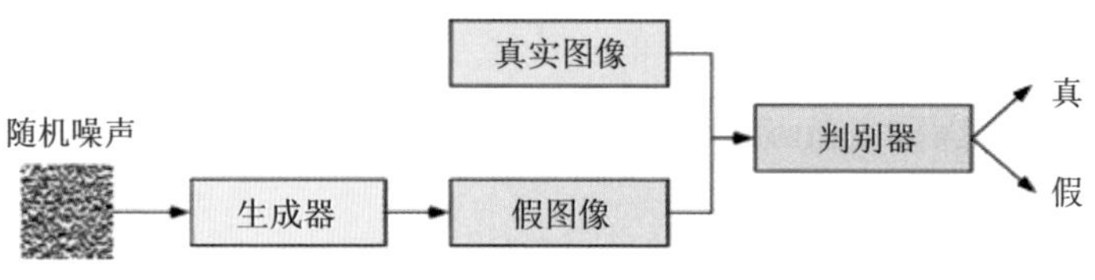

图 6-24　GAN 的整体框架

6.2.2 GAN的发展及应用

1. GAN

2014 年，Ian Goodfellow 等人提出了 GAN[15]，它的出现引起了深度学习领域的广泛关注。GAN 的成功主要得益于其独特的结构和训练方式，它利用两个对抗的神经网络互相学习。一方面，生成器学习如何生成逼真的样本；另一方面，判别器学习如何更好地区分真实样本和生成器生成的假样本。这种对抗学习的思想和结构，使得 GAN 具有很强的泛化能力和适应性，能够生成与真实样本非常相似的新样本。自那以后，GAN 的架构和技术不断得到改进，发展出 DCGAN（Deep Convolutional GAN）、WGAN（Wasserstein GAN）、CGAN（Conditional GAN）等，这使得 GAN 在各种应用中取得了显著的进展，如图像生成、语音合成、文本生成等。

2. DCGAN

2015 年，Alec Radfor 等人发表了 *Unsupervised Representation Learning with Deep Convolutional Generative Adversarial Networks*[16]，首次将 CNN 和 GAN 相结合，以弥补 CNN 在监督领域和无监督领域之间的隔阂。作者通过在大量不同的图像数据集上所进行的训练，展示了该模型在各个方面都学习到丰富的层次表达。此外，作者使用了批标准化（Batch Normalization）、转置卷积进行上采样和采用步幅（Stride）为 2 的卷积层进行下采样等新颖的训练方法及技术，这些都有助于稳定训练过程并提高生成的图像质量。图 6-25 描述了 DCGAN 生成器的架构。图 6-26 及图 6-27 展示了 DGGAN 的应用。

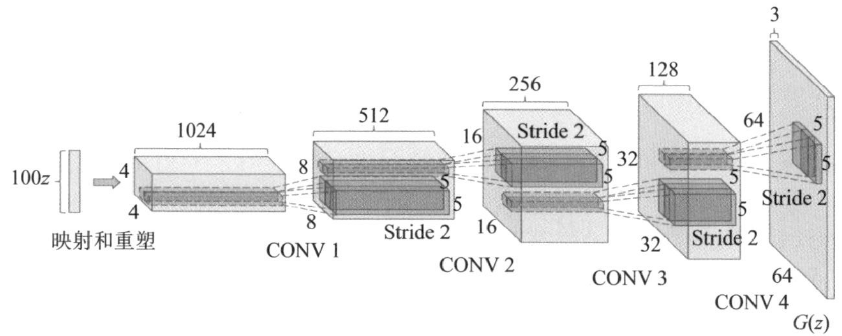

图 6-25　DCGAN 生成器的架构

图 6-26　利用 DCGAN 生成动漫人物头像

图 6-27　利用 DCGAN 补全图片

3. Pix2pix

2016 年，朱俊彦等人发表 *Image-to-Image Translation with Conditional Adversarial Networks*[17]，提出用 GAN 来解决图像转换问题的通用方法，判别器可以用来区分转换图像的真实性，而生成器会尽量学习生成逼真的图像。通过这种训练，模型能够有监督地学习图像到图像的翻译，即将一个物体的图像表征转换为该物体的另一个表征，比如，根据皮鞋的轮廓图得到皮鞋的彩色图。

原始 GAN 生成的图像比较模糊，尽管使用平均绝对误差损失函数和平均平方误差损失函数可以帮助生成图像，但仍无法很好地恢复图像的高频部分（图像的边缘、纹理、光线等），而图像的低频部分（图像的色块、形状、轮廓等）却可以恢复得较好，所以作者提出了 PatchGAN 判别器，即通过将图像分为小块（patch），并对每个块进行判别以减少噪声，从而生成更高分辨率的图像。图 6-28 描述了 Pix2pix 网络。

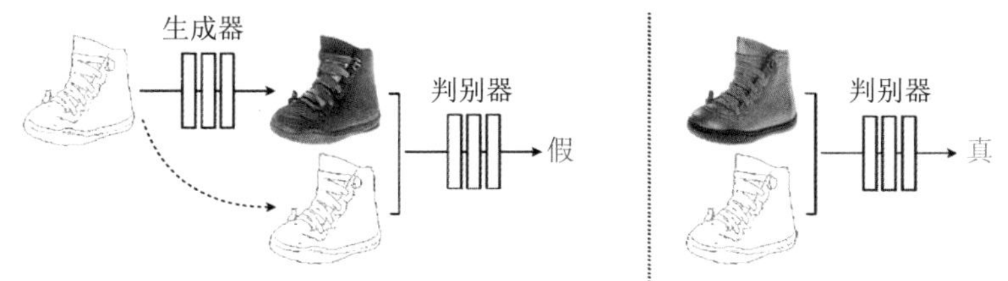

训练有条件GAN以映射边缘→图像
判别器学习分辨虚假的和真实的{边缘，图像}数据对
生成器学习欺骗判别器
不同于无条件GAN，生成器和判别器均需要输入作为条件的边缘图像

图 6-28　Pix2pix 网络

与原始 GAN 不同，Pix2pix 显式地使用了对齐的输入和输出数据对，并使用对齐数据对来训练生成器。这样的设计使得 Pix2pix 能够生成高质量的图像（通过使用 L1 损失函数来确保生成的图像与输入图像的相似度）和拥有强可扩展性（可以很容易地扩展到其他转换任务，如语音转文字、视频转图像等）等优点（见图 6-29）。

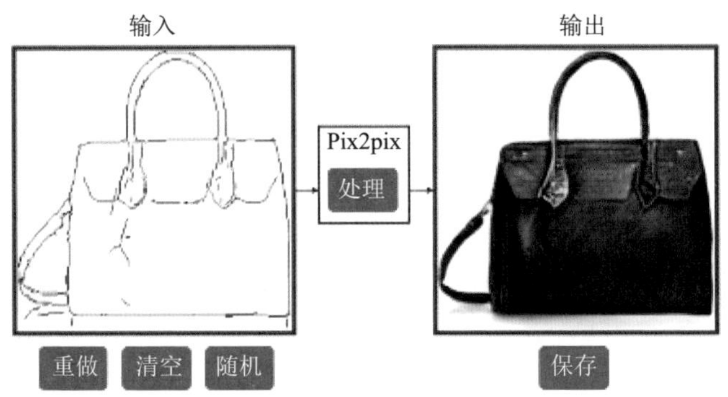

图 6-29 利用 Pix2pix 在草稿图上上色

4. WGAN

2017 年，Martin Arjovsky 等人发表了 *Wasserstein Generative Adversarial Networks*[18]，提出了 WGAN，彻底解决了 2014 年以来 GAN 训练不稳定带来的模型坍塌等多个问题。它的不同之处在于它使用了 Wasserstein 距离作为生成器和判别器的评估指标，在判别器最后一层去掉 Sigmoid 函数层，生成器和判别器的损失函数不取对数，使用不基于动量的优化算法（RMSProp 等）。

原始 GAN 的判别器损失函数和生成器损失函数可以等价为最小化生成数据的分布和真实数据的分布，即 JS 散度。在尝试最优判别器时，最小化生成器的损失函数，会导致真实数据的分布与生成数据的分布几乎不可能重叠，所以无论两个分布之间距离多远，都会导致生成器的梯度无限接近零，从而出现梯度消失的情况。因此，作者提出了 Wasserstein 距离。相比 JS 散度，它的优点在于即使真实数据的分布和生成数据的分布没有重叠，Wasserstein 距离也可以有效地反映它们之间的距离，最终可以解决梯度消失问题［见式（6–32）］。

$$W(P_r,P_\theta)=\sup_{\|f\|_L\leqslant 1} E_{x\sim P_r}\,|\,f(x)\,|-E_{x\sim P_\theta}\,|\,f(x)\,| \qquad (6\text{–}32)$$

作者认为，训练过程中有一个损失函数可以揭示生成器是否收敛（Wasserstein 距离越小，错误率越低，生成数据的质量越高）。

5. CGAN

2017 年，朱俊彦等人发表了 *Unpaired Image-to-Image Translation Using Cycle-Consistent Adversarial Networks*[19]，提出了 CGAN，解决了 Pix2pix 等算法需要大量对齐数据的问题，创新地使用了循环一致性损失解决 GAN 生成图像不足以完全捕捉给定域中图像的复杂结构的问题。这个损失是通过将生成的图像转换回原始域，然后计算转换后的图像与原始图像之间的差异来确定的。这可以帮助模型在生成的图像中保留较多的空间和颜色细节。

图 6–30 ~ 图 6–32 展示了 CGAN 比对及其应用。

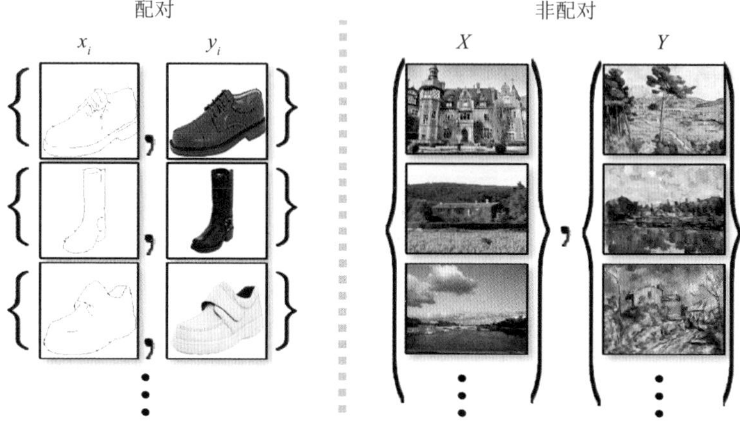

配对的训练数据（左）包含训练样本$\{x_i, y_i\}_{i=1}^{N}$，x_i与y_i存在关联。与之不同的是，我们使用非配对数据集（右），包含来源数据集$\{x_i\}_{i=1}^{N}$（$x_i \in X$）和目标数据集$\{y_j\}_{j=1}^{M}$（$y_j \in Y$），x_i与y_i之间不存在关联。

图 6-30　CGAN 比对

马→斑马

图 6-31　利用 CGAN 将一匹马变成斑马

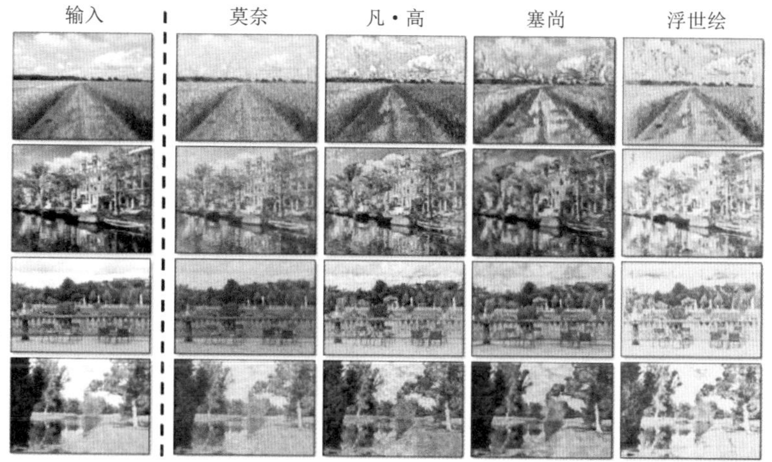

图 6-32　利用 CGAN 将一幅普通的画变成带有大师风格的画

6. StyleGAN

2018 年，Tero Karras 等人发表了 *A Style-Based Generator Architecture for Generative Adversarial Networks*[20]，提出了 Style GAN。传统的 GAN 将噪声 z 输入生成器中，一步步采样生成图像，无法自主控制生成的图像的风格。作者新颖地提出添加 Maping 网络空间，用于学习风格。作者认为，随着网络的加深，传统 GAN 中 z 的作用会消失，输入的特征向量会发生纠缠，从而导致无法控制图像风格。作者通过 Mapping 网络从随机向量中学习一个映射到高维样本空间中的潜在向量，从而解开特征缠绕。Mapping 网络的输出是用于控制生成器的高维潜在向量，该潜在向量用于表示图像的特征，如颜色、形状和大小等。

StyleGAN 还引入了 AdaIN，以实现将特征 w 变成风格控制变量，再输入生成器。它在每个深层网络结构之间传递图像特征的均值和标准差（图像的风格信息），从而在生成图像时形成自然的和合理的风格。

图 6-33 描述了 StyleGAN 的整体框架及传统生成器的框架。图 6-34 及图 6-35 展示了 StyleGAN 的应用。

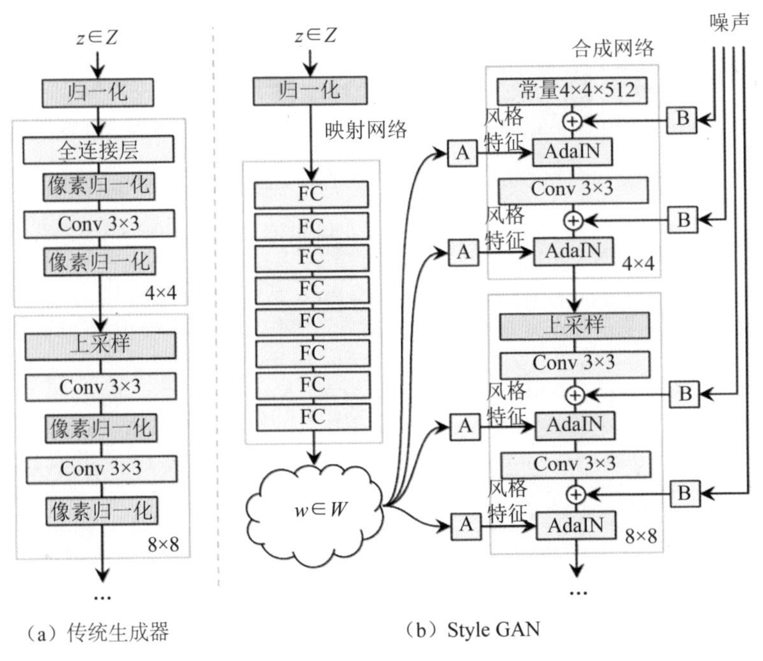

图 6-33　传统生成器与 StyleGAN 的框架

图 6-34　利用 StyleGAN 编辑人脸属性

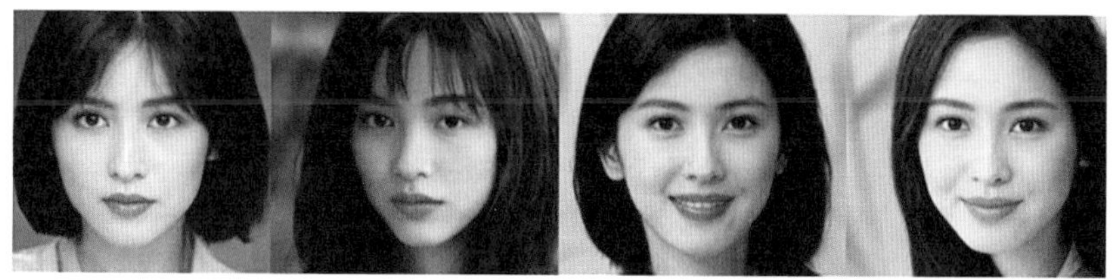

图 6-35　利用 StyleGAN 生成高分辨率新的人脸

7. WaveGAN

2019 年，Chris Donahue 等人发表了 *Adversarial Audio Synthesis*[21]，提出了 WaveGAN。WaveGAN 是一种基于 GAN 的声音合成模型，旨在以学习到的分布生成高质量的音频信号。它不使用传统的音频合成方法，如自回归模型（Autoregressive Model）或样条插值（Spline Interpolation），而利用GAN中的生成器网络直接从随机噪声中生成音频。

WaveGAN 的生成器网络是卷积神经网络，它采用分层设计，可以逐渐提取音频信号中的低级和高级特征。在每个层次中，WaveGAN 使用具有一定大小的卷积核的卷积层和批归一化层（Batch Normalization Layer），以及 ReLU 激活函数。最后一层使用 Tanh 激活函数将输出限制在 -1 和 1 之间，以生成音频信号。WaveGAN 的判别器网络也是卷积神经网络，它的任务是识别生成的音频信号和真实音频信号之间的差异。判别器网络采用类似生成器网络的分层设计，并在每个层次中使用卷积层、批归一化层和 Leaky ReLU 激活函数。

作者创新地提出在训练过程中逐渐增加噪声的幅度，从而使生成的音频信号更具有多样性和真实性。此外，WaveGAN 还使用了谱归一化技术，以防止生成器网络产生过高或过低的音频信号。

WaveGAN 可以用于生成具有多样性的人声和音乐样本，以及完成音频信号分类和检测等任务。

6.2.3 GAN训练

GAN 训练可以看作一个非合作博弈过程，其目标是最小化由生成器和判别器控制的损失函数。

1. GAN 训练流程

具体而言，GAN 的生成器的目标是最小化损失函数，而判别器的目标是最大化损失函数。在训练过程中，生成器和判别器交替更新自己的参数，以最大限度地提高各自的目标函数，直到达到 Nash 平衡点。在这个平衡点上，生成器能够生成高质量的样本，而判别器无法准确地区分生成的样本和真实的样本。通过这种方式，GAN 可以生成与真实数据非常相似的数据［见式（6-33）］。

$$\min_G \max_D V(D,G) = E_{x\sim p_{\text{data}}(x)}[\log D(x)] + E_{z\sim p_z(z)}\{\log[1-D(x)]\} \quad (6\text{-}33)$$

由于生成器和鉴别器都是用神经网络建模的，因此可以使用基于梯度的优化算法来训练 GAN。训练 GAN 主要分为以下几步：

（1）初始化网络参数。需要初始化生成器和判别器的权重。一般来说，可以使用随机数进行初始化。

（2）对噪声集和真实数据集进行采样。

（3）使用这些数据训练判别器。给定一个真实样本和一个生成的假样本，判别器需要将它们分别标记为“真”和“假”。在训练过程中，判别器会反复学习如何将真实数据和生成数据区分开来。

（4）使用这些数据训练生成器。生成器需要尽可能地使判别器将它生成的样本标记为“真”，也就是最大化将生成的样本标记为“真”的概率。使用反向传播算法来更新生成器的权重。

（5）从第 2 步开始重复步骤。

2. GAN 训练的问题及解决办法

1）问题

GAN 训练过程是非常复杂的，可能会遇到许多问题。以下是一些常见的问题解释。

（1）训练坍塌。生成器不断生成明显不合法的数据，而判别器不断认为这些数据都是真实的，即将它们识别为真实数据。这导致生成器学习到错误的特征，从而使模型无法正常训练。假设训练集有很多类别的图像（如猫、牛、狗、猪），但是模型只能生成猫（或牛或狗或猪），虽然生成的猫的图像质量可以通过图灵测试，但是生成器只能生成猫，陷入训练坍塌的状态。

（2）梯度消失。如果判别器与生成器相比，学习速度太快，那么判别器几乎可以完美地区分真实数据与假数据，这时生成器无论执行哪种梯度更新策略，都会导致非常高的损失，梯度更新值接近零，从而导致训练停止。[22]

（3）不收敛。如果生成器生成的数据质量不断变劣，这表明生成器没有得到足够的引导，而判别器误判率不断增加。[22]

2）解决办法

（1）增加训练数据的多样性，如考虑增加样本数量，但需要注意数据的多样性。

（2）调整生成器和判别器的架构，如调整网络层数（通过增加或减少网络层数，可以提高或降低网络的复杂度），调整激活函数（选择合适的激活函数可以影响网络的性能）。

（3）为损失函数添加额外的惩罚来加以约束，如加入正则项，可以提高模型的泛化能力。

（4）使用稳定的优化算法，如 Adam 或 RMSProp 等，以加速模型的训练并避免陷入追求局部最优解。

3. GAN 评估

1）计算机视觉领域

在计算机视觉领域，评价一个 GAN，通常需要考验它两方面性能：一是生成的图像是否清晰，二是生成的图像是否多样。可以使用多种评估指标来衡量 GAN 的性能。其中，Inception Score 和 FID 是常用的两种评估指标。

（1）Inception Score。通过 Inception Network（如 InceptionV3）对生成的图像进行分类，并计算图像在多个类别上的预测概率分布来进行评估。[23] 对于所有生成的图像，Inception Score 计算了图像类别分布的熵（熵是衡量随机变量不确定性的量）和生成的图像在各自类别上的预测概率的积。

如果生成的图像具有较高的清晰度，则它应该属于某一类别的概率很大，属于其他类别的概率很小；如果生成的图像种类很丰富，则生成的图像类别应该无限接近平均值。

较高的 Inception Score 说明生成的图像具有较高的真实性和多样性，但需要注意，Inception Score 只是评估生成的图像的一种方法，它可能不适用于所有应用场景，也可能存在误导性。因此，在使用 Inception Score 时需要仔细评估它的适用性和可靠性。

（2）FID。通过比较生成图像的特征向量分布和真实图像的特征向量分布来进行评估。[24] 具体来说，首先使用 Inception Network

（如 InceptionV3）对生成的图像和真实图像计算特征向量，然后计算这两个特征向量分布之间的 Fréchet 距离。均值和方差可以描述两个分布之间的距离，而协方差矩阵描述了数据中各个维度之间的相关性。因此 FID 是通过均值和协方差矩阵来计算两个分布之间的距离的。

较低的 FID 说明生成的图像更接近真实图像。

2）音频生成领域

在音频生成领域，评价一般分为客观评价和主观评价两类。这些评价可以帮助研究人员评估不同的音频生成模型的性能优劣，以指导模型的改进和优化。

（1）客观评价是指使用一些量化的指标来评估生成的音频的质量和相似度，指标包括以下几个。

- 谱失真（Spectral Distortion）：衡量模型生成的频谱与目标频谱之间的差异。[25]
- 频谱相关系数（Spectral Correlation Coefficient）：衡量模型生成的频谱与目标频谱之间的相关性。
- 波形失真（Waveform Distortion）：衡量模型生成的波形与目标波形之间的差异。

（2）主观评价是指通过人类听觉测试的方式来评估生成的音频的质量和相似度，指标包括以下几个。

- 可辨识度（Intelligibility）：生成的语音内容可听清的程度。

- 自然度（Naturalness）：生成的语音听起来的自然程度。
- 相似度（Similarity）：生成的语音与目标语音之间的相似度。

6.3 参考资料

[1] SOHL-DICKSTEIN J, WEISS E, MAHESWARANATHAN N, et al. Deep unsupervised learning using nonequilibrium thermodynamics[C]//International Conference on Machine Learning. PMLR, 2015: 2256-2265.

[2] HO J, JAIN A, ABBEEL P. Denoising diffusion probabilistic models[J]. Advances in Neural Information Processing Systems, 2020, 33: 6840-6851.

[3] SONG J, MENG C,ERMON S. Denoising diffusion implicit models[J]. arXiv preprint arXiv:2010.02502, 2020.

[4] NICHOL A Q, DHARIWAL P. Improved denoising diffusion probabilistic models[C]//International Conference on Machine Learning. PMLR, 2021: 8162-8171.

[5] DHARIWAL P, NICHOL A. Diffusion models beat gans on image synthesis[J]. Advances in Neural Information Processing Systems, 2021, 34: 8780-8794.

[6] HO J, SALIMANS T. Classifier-free diffusion guidance[J]. arXiv preprint arXiv:2207.12598, 2022.

[7] RADFORD A, KIM J W, HALLACY C, et al. Learning transferable visual models from natural language supervision[C]//International Conference on Machine Learning. PMLR, 2021: 8748-8763.

[8] RAMESH A, PAVLOV M,GOH G, et al. Zero-shot text-to-image generation[C]//International Conference on Machine Learning. PMLR, 2021: 8821-8831.

[9] NICHOL A,DHARIWAL P,RAMESH A,et al. GLIDE: Towards photorealistic image generation and editing with text-guided diffusion models[J]. arXiv preprint

arXiv:2112.10741, 2021.

[10] RAMESH A,DHARIWAL P,NICHOL A, et al. Hierarchical text-conditional image generation with CLIP latents[J].arXiv preprint arXiv:2204.06125, 2022.

[11] SAHARIA C,CHAN W,SAXENA S, et al. Photorealistic text-to-image diffusion models with deep language understanding[J]. Advances in Neural Information Processing Systems, 2022, 35: 36479-36494.

[12] ROMBACH R,BLATTMANN A,LORENZ D, et al. High-resolution image synthesis with latent diffusion models[C]//Proceedings of the IEEE/CVF Conference on Computer Vision and Pattern Recognition. 2022: 10684-10695.

[13] LIU X,PARK D H,AZADI S, et al. More control for free! image synthesis with semantic diffusion guidance[C]//Proceedings of the IEEE/CVF Winter Conference on Applications of Computer Vision. 2023: 289-299.

[14] SCHUHMANN C,BEAUMONT R,VENCU R, et al. LAIOR-5B: An open large-scale dataset for training next generation image-text models[J]. arXiv preprint arXiv:2210.08402, 2022.

[15] CRESWELL A,WHITE T,DUMOULIN V, et al. Generative adversarial networks: An overview[J]. IEEE Signal Processing Magazine, 2018, 35(1): 53-65.

[16] RADFORD A,METZ L,CHINTALA S. Unsupervised representation learning with deep convolutional generative adversarial networks[J]. arXiv preprint arXiv:1511.06434, 2015.

[17] ISOLA P,ZHU J Y,ZHOU T, et al. Image-to-image translation with conditional adversarial networks[C]//Proceedings of the IEEE Conference on Computer Vision and Pattern Recognition. 2017: 1125-1134.

[18] ARJOVSKY M,CHINTALA S,BOTTOU L. Wasserstein generative adversarial networks[C]//International Conference on Machine Learning. PMLR, 2017: 214-223.

[19] ZHU J Y,PARK T,ISOLA P, et al. Unpaired image-to-image translation using

cycle-consistent adversarial networks[C]//Proceedings of the IEEE International Conference on Computer Vision. 2017: 2223-2232.

[20] KARRAS T,LAINE S,AILA T. A style-based generator architecture for generative adversarial networks[C]//Proceedings of the IEEE/CVF Conference on Computer Vision and Pattern Recognition. 2019: 4401-4410.

[21] DONAHUE C,MCAULEY J,PUCKETTE M. Adversarial audio synthesis[J]. arXiv preprint arXiv:1802.04208, 2018.

[22] 梁俊杰, 韦舰晶, 蒋正锋. 生成对抗网络 GAN 综述[J]. 计算机科学与探索, 2020, 14(1): 1-17.

[23] BARRATT S,SHARMA R. A note on the inception score[J]. arXiv preprint arXiv:1801.01973, 2018.

[24] HEUSEL M,RAMSAUER H,UNTERTHINER T,et al. Gans trained by a two time-scale update rule converge to a local nash equilibrium[J]. Advances in Neural Information Processing Systems, 2017, 30.

[25] ARAKI T,EGUCHI K,ENOMOTO S, et al. Measurement of neutrino oscillation with KamLAND: Evidence of spectral distortion[J]. Physical Review Letters, 2005, 94(8): 081801.

第 7 章 经典商业案例

博观而约取，厚积而薄发。

——苏轼

AIGC 的发展，给现有行业注入了新鲜活力。本章的内容不可能涉及所有的潜在行业，唯有抛砖引玉，概略地介绍一下 AIGC 在影视传媒、电商、教育、医疗、金融、农业等领域的先期探索和应用。期待大家投入如火的热情，共同打造 AIGC 未来发展的广阔前景。相信将来，一定会有更多精彩和有趣的 AIGC 商业应用落地！

7.1 AIGC+ 影视传媒：拓展空间，提升质量

视觉技术发展一直是影视领域的重要推动力，视觉与影视技术从默片、台词剧、露天银幕到 IMAX 3D 不断推陈出新。然而，在目前的影视创作过程中，高质量剧本有限，制作成本高昂，难免有些作品质量不尽如人意，影视领域需要进行结构升级。而对 AIGC 技术的运用能够激发影视剧本创作灵感，扩展影视角色和场景的创作空间，从而大大提升影视产品的制作质量，帮助影视作品实现文化价值和经济价值的最大化。

将人工智能技术与传媒产业相结合，推动了媒体的内容生产方式升级和转型，实现了人与机器的协同。传媒企业可以运用人工智能技术，提高影视剧本创作、影视制作特效处理、音乐编曲、文学

写作等环节的生产效率，同时也可以为用户提供更加优质、多样化和个性化的媒体内容推荐服务，并推动媒体融合的进一步发展。这种人机协同的生产模式，将成为未来传媒产业的重要趋势和发展方向。

7.1.1　新闻采集

科大讯飞推出的智能录音笔，凭借其出色的跨语种语音转写能力，在 2022 年北京冬奥会期间，为新闻媒体工作提供了强有力的支持。在智能录音笔的辅助下，记者只需 2 分钟即可快速出稿，大大提高了新闻报道的实时性和准确性。科大讯飞致力于为人们带来更智能、更高效的生活和工作体验，为未来的人工智能发展奠定坚实的基础。

7.1.2　新闻生成

腾讯财经研发了一款名为“Dreamwriter”的自动化写稿机器人，能够根据算法在第一时间自动生成新闻稿件，进行分析研判，以瞬时输出的形式将重要资讯和解读送达用户。

7.1.3　视频编辑

随着人工智能相关技术的不断发展，智能化视频剪辑工具已经成为许多机构和企业提高工作效率的有力工具。通过使用这些工具，视频创作者可以高效地节省人力和时间成本，并最大化版权内容价值。在 2020 年的全国两会期间，《人民日报》社就利用了“智能云剪辑师”来快速生成视频。这一工具能够进行字幕自动匹配、人物实时追踪、画面抖动修复和横竖屏速转等技术操作，以适应多平台分发的需要。央视频在 2022 年冬奥会期间也使用了人工智能内容生产剪辑系统，高效地生产与发布冬奥冰雪项目的视频集锦，为深度开发体育媒体的版权内容价值创造了更多的可能性。这些视频智能化剪辑工具已经被广泛应用于各行各业，成为内容创作者提高工作效率的重要手段。随着技术的不断进步，我们相信这些工具将会变得越来越普及，为更多的机构和企业带来更多实际价值。

7.1.4 剧本生成

在当今的影视行业中，人工智能技术已经逐渐被应用于剧本创作，为创作者们提供了更多的灵感和创意。通过对大量的剧本进行分类整理和分析，人工智能可以根据预设的风格进行规模化、批量化的创作，接下来创作者可以从中筛选出更优质的作品进行二次加工。这样的方式不仅可以拓展创作者的思路，缩短创作周期，而且还能够减少大量的前期人力工作。

早在 2016 年，国外就已经开始尝试利用人工智能编写电影剧本，比如美国纽约大学利用人工智能技术撰写剧本的电影 *Sunspring* 曾经入围伦敦科幻电影节（Sci-Fi London）48 小时挑战单元十强。

2020 年，美国查普曼大学的学生还利用 OpenAI 的文本生成工具 GPT-3 创作了剧本并制作了短片《律师》。而近年来，国内部分科技公司也开始积极探索并提供智能剧本生产相关的服务，比如海马轻帆推出的“小说转剧本”智能写作功能，其“剧本智能评估”模块已经服务了包括《你好，李焕英》《流浪地球》等众多爆款影视作品。目前海马轻帆已经服务了 30 000 多集剧集剧本，8000 多部电影剧本，以及超过 500 万部的网络小说。随着人工智能技术的不断发展和完善，相信未来会有更多的智能剧本生产工具面世，为影视行业带来更多的机遇和可能。

7.1.5 扩展影视角色和场景的创作空间

近年来，人工智能技术已经逐渐应用到影视制作中，其中一项重要的应用就是“数字复活”。通过合成已故演员的面部特征和声音等，影视制作人员能够实现让已故演员在影视作品中“复活”的效果，这也为影视作品的制作带来了更多的可能性。同时，人工智能技术还可以用于替换“劣迹艺人”、解决多语言译制片中语音与口形不同步的问题，以及合成高难度动作等方面，从而减少演员自身原因对影视作品的影响和限制。

为了解决多语言译制片中语音与口形不同步的问题，英国公司 Flawless 推出了可视化工具 TrueSync，利用 AI 深度视频合成技术精准调整演员的面部特征，从而让演员的口形和不同语种的配音或字幕相匹配。在央视纪录片《创新中国》中，制作人员利用 AI 算法学习已故配音员李易的声音资料，再根据纪录片的文稿合成音频，从而使李易的声音得以重现。

此外，人工智能技术还可以用于生成虚拟物理场景，以便于呈现无法实拍或制作成本过高的场景，从而拓宽影视作品的创造力边界，提供更加优质的视觉效果。比如，在热播剧《热血长安》中，制作人员通过大量采集场地实景，再用特效技术进行数字建模，从而制作出栩栩如生的故事场景；演员则在影棚绿幕前表演，利用实时抠像技术将演员动作与虚拟场景进行融合，最终生成高创造力和高质量的影视作品。

7.1.6 赋能影视剪辑

影视行业一直在探索如何利用人工智能技术来提高后期制作能力。在这方面，已经出现了一些成功的实践案例。其中之一是利用人工智能技术对影视图像进行修复或还原，以提高影像资料的清晰度，提高影视作品的画面质量，还可以修复时间久远的经典作品。比如，中影数字制作基地和中国科技大学共同研发的基于 AI 的图像处理系统“中影·神思”，成功修复了《马路天使》等多部影视剧。利用这一技术，修复一部电影的效率大大提高，成本也得以降低。同时，流媒体平台也开始将 AI 修复经典影视作品作为新的增长领域来开拓。

另一项是人工智能技术在影视预告片制作方面的应用。预告片通常都是从电影中选取部分精彩片段来展示给观众，而且还需要避免剧透。美国 IBM 旗下的 AI 系统 Watson 通过学习上百部惊悚片预告片的视听手法，成功地从电影《摩根》90 分钟的全片中挑选出符合惊悚片预告片特点的电影镜头，制成了一段 6 分钟的预告片。虽然这部预告片还需要经过制作人员的重新修改才能最终完成，但这项技术应用成功地将预告片的制作周期从以往的一个月左右缩短到一天。

还有一项应用是利用人工智能技术实现影视内容从 2D 向 3D 的自动转制。聚力维度推出的智能 3D 内容制作平台“峥嵘”可以对影视作品进行维度转换，将院线级 3D 转制效率提升了千倍。迪士尼开发的超强 AI，甚至可以一键呈现演员年轻或是衰老时的样貌。这些人工智能技术的出现，极大地提高了影视后期制作的效率和质量，也让影视制作变得更加便捷和高效。

7.2 AIGC+ 电商：智能化电商，改变购物模式

现今，在数字技术和消费模式的变革与升级下，电商企业正在努力发展和应用人工智能图形计算技术。这些企业不仅包括一众中外互联网巨头如亚马逊、谷歌、苹果、微软、百度、腾讯，而且还有不少初创的互联网公司。沉浸式购物体验成为电商领域发展的新方向，因此 AIGC 技术得到了广泛应用。该技术可用于商品 3D 模

型的搭建、虚拟主播的创设，甚至虚拟货场的建设。同时，与增强现实（AR）、虚拟现实（VR）等新技术相结合，AIGC 可以实现视听等多感官交互的沉浸式购物体验，这是电商企业所急需发力的新方向。

7.2.1 商品3D建模

AI 图形计算作为一种人工智能技术，可以帮助电商企业优化用户购物体验。其中，3D 建模是其一大商业化应用场景，功能主要有商品展示和虚拟试用，旨在让用户更好地了解和感受商品。这项技术利用视觉算法，将商品的拍摄图像转化为 3D 模型和纹理，并通过线上虚拟“看、选、试穿、试戴”等方式，提供更贴近在线下实体店的购物体验。相较于传统的 2D 展示，3D 模型可以全方位展示商品主体外观，节省用户选择和沟通的时间成本，改善用户购物体验，促成商品快速成交。

近年来，许多电商企业已推出商品级自动化 3D 建模服务，支持在数分钟内完成商品的 3D 建模，精度可达到毫米级。这种技术不仅有助于商品展示，还可用于在线试用（如试穿衣服等），高度还原试用商品或服务的体验感，让消费者更大程度地接近产品或服务的实际价值。电商平台数据显示，3D 购物的平均转化率约为 70%，较行业平均水平提升了 9 倍，同比正常引导成交客单价提升超 200%，并且商品退换率明显降低。因此，3D 购物对于电商企业有着极高的商业价值。

另外，许多品牌企业也开始探索和尝试虚拟试用方向，如优衣库、阿迪达斯、宜家、保时捷等，都推出了虚拟试用服务，进一步提升了用户购物体验。虽然目前的建模方式还停留在传统阶段，但随着 AIGC 技术的不断发展，未来有望涌现更多专业级和消费级工具，从而逐步降低 3D 建模的门槛和成本，助力虚拟试用的大规模商业化应用。

7.2.2 天猫家装城3D版

2021 年 4 月，阿里巴巴推出了全新的天猫家装城 3D 版。通过提供 3D 设计工具和商品 3D 模型智能生成服务，帮助商家快速构建和展现 3D 家装空间。这为消费者提供了全方位的家居家装效果展示，从北京最美家具店到上海复古小站，各种场景都能一秒切换。只要在淘宝 App 中搜索“天猫家装城”，就能进入这个神奇的 3D 世界。在进入 3D 房间后，消费者可以全屋漫游，感受商品搭配在一起的效果，也可以“站在”任何位置，360 度查看商品的款式、细节和价格。如果看中了某商品，只需轻轻一点，就能加入购物车，一键买齐。

总之，天猫家装城 3D 版提供了前所未有的购物体验，让消费者在原本依赖线下购物体验的家装领域可以更好地体验购物、了解商品，从而更放心地购买。

7.2.3 鹿班

鹿班是一款由阿里巴巴推出的，基于先进算法和大量数据训练智能设计平台。借助鹿班平台，商家无须具备设计能力，也可以轻松制作出高质量的图像。鹿班的设计水平已经非常接近普通设计师，其平均每秒可以完成 8000 张海报设计，一天能制作 4000 万张设计图。在 2019 年“双十一”当天，鹿班制作了多达 10 亿张的图片。不仅如此，鹿班还可以针对不同的客户、季节和性别需求生成不同的设计图。这个神奇的智能平台真是为商家们带来了很大的便利。

7.2.4 虚拟主播

虚拟主播确实具有一些独特的优势，可以为品牌带来更大的商业价值。虚拟主播可以填补真人主播的直播间隙，提供全天候的直播服务，为用户提供更灵活的观看时间选择和更方便的购物体验，同时也为合作商家创造了更大的客流量。此外，虚拟主播可以更好地推动品牌的年轻化进程，拉近品牌与新消费人群间的距离，塑造元宇宙时代的店铺形象，为品牌在未来扩展更多的虚拟场景提供了可能性。最后，虚拟主播的人设和言行均由品牌方掌握，相比真人主播更具有稳定性和可控性，可以降低品牌在这方面的风险和压力。虚拟主播和真人主播可以相互配合，创造更大的商业价值，为品牌带来更大的收益和影响力。

7.3 AIGC+ 教育：赋能教育，引领教育变革

教育是人类社会发展进步的重要基石，也是国民经济发展的重要组成部分。在当今社会，教育已经成为国家和社会发展的战略性领域，通过提高人们的知识水平、素质和能力，促进人的全面发展，培养具备国际竞争力的高素质人才，推动经济的可持续发展，提升国家整体竞争力。

人工智能与教育的结合已经成为教育领域的热门话题。人工智能可以为教育领域带来很多助力，如自适应学习、个性化教育、实时辅助等，有望为学生提供更好的学习体验，使其获得更好的学习效果。同时，人工智能技术还可以用于教育评估、教育管理等方面，帮助学校和政府更好地了解教育状况，为教育改革提供有力支持。

人工智能技术已经在教育领域得到广泛应用。通过将 AIGC 和教育结合，教育工作者可以提供更加具有个性化和针对性的教学内容，提高教学效果，帮助学生更好地学习和成长。这种结合被称为人工智能教育（AIED）或人工智能辅助教育。

7.3.1 个性化学习

AIGC 可以根据学生的学习情况和个人特点提供个性化的学习建议和指导。比如，AIGC 可以根据学生的学习数据和以往的学习行为，推荐更适合该学生的学习资料和教学方式。这样，学生可以更

好地理解知识，提高学习效果。相比之下，传统的教学方式往往是基于固定的课程和教材来进行教学，缺乏对学生个性化需求的关注，而 AIGC 可以提供更加具有针对性的教学方案，一定程度上弥补这方面的不足。

7.3.2 智能化评估

AIGC 可以通过对学生的学习数据和表现进行分析和评估，帮助教育工作者更加全面地了解学生的学习情况。比如，AIGC 可以根据学生的答题数据和表现，生成个性化的全面评估报告，并提供相应的教学建议和方案。这样，教育工作者可以对学生的需求和问题进行更有针对性的教学和辅导，优化教学效果和学生的学习成果。相比之下，传统的教学评估方式主要基于定期考试成绩和作业结果，难以全面了解学生的学习情况和存在的具体问题。

7.3.3 教学辅助工具

AIGC 可以为教育工作者提供一些教学辅助工具，帮助他们更好地进行教学和管理。比如，AIGC 可以提供在线的学生反馈工具，让教育工作者及时了解学生的需求和问题，提高教学质量和效果。此外，AIGC 还可以提供智能化的课程管理工具，帮助教育工作者更直观快捷地备课。

作业帮利用人工智能技术为学生提供个性化辅导服务。学生可以在作业帮平台上提交问题，作业帮的人工智能算法会快速解答问题，并提供相应的学习材料和辅导意见。

新东方在线是新东方教育集团旗下的在线教育平台，其利用人工智能技术开发了“AI 教师”系统，可以对学生的学习数据进行分析，为学生提供个性化的教育方案和辅导服务。

小思智能教育是一家专注于人工智能教育的创业公司，其利用人工智能技术开发了一系列在线学习产品。这些产品涵盖了语文、数学、英语等多个学科，可以为学生提供个性化、全面、高效的学习服务。

7.4 AIGC+ 医疗：智能医疗，诊疗新势

医疗保健是人类生产生活中不可或缺的一部分，对于保障人民健康、提高生活质量以及促进经济发展都有非常重要的作用。在国民生产中，医疗保健领域是一个巨大的产业，包括医疗设备、医疗服务、药品制造和分销等多个方面。根据世界卫生组织的数据，全球医疗保健行业每年的总支出超过 10 万亿美元，是全球最大的产业之一。同时，医疗保健行业也是事关人类福祉和社会稳定的关键因素之一。

在医疗保健领域，AIGC 技术的应用可以帮助提供更高效、更精准、更智能的医疗保健服务。AIGC 在医疗保健领域的应用可以大致分为疾病诊断和治疗、药物研发及精准医疗等方面。

7.4.1 疾病诊断和治疗

AIGC 可以通过分析医学影像、基因数据、患者病历和治疗记录等各种数据，为医生提供更加准确的诊断和治疗建议。比如，通过深度学习算法，AIGC 可以在医学影像分析方面帮助医生检测和识别肿瘤、心脏疾病、脑卒中等疾病，提高疾病的诊断精度和准确性。同时，AIGC 还可以基于大数据分析，为医生提供具有针对性的治疗方案，使得医疗保健服务更加有效。例如，启明星辰，一家总部位于上海的网络安全高科技企业，提供医疗行业“数据安全”解决方案，利用 AIGC 技术为医生提供医学图像诊断辅助，帮助医生更快速、准确地诊断。该公司开发了多个医学图像诊断辅助软件，包括基于 CT 和 MRI 的肺部结节检测、脑出血检测和乳腺癌诊断等。

与传统的医疗方式相比，AIGC 在疾病诊断和治疗方面具有一些优势。比如，它可以帮助医生快速分析大量的医学图像和病历信息，从而发现人眼难以发现的细微特征，同时可以根据大数据分析结果，为医生提供更准确的治疗方案，大大提高了医疗保健服务的效率和质量。

7.4.2 药物研发

AIGC 可以帮助研究人员分析大量的基因数据、化学数据和生物数据，预测药物分子的结构和性质，并通过虚拟筛选和智能优化，快速发现潜在的药物分子。此外，AIGC 还可以在临床试验阶段提供帮助。比如，可以帮助研究人员识别患者群体、减少临床试验中的偏差，并为药物的安全性和有效性提供数据支持。晶泰科技（XtalPi）是一家总部位于中国深圳的生物技术公司，利用人工智能和计算技术来进行药物研发。该公司利用 AIGC 技术进行分子模拟、分子设计和分子优化，以提高药物研发的效率和成功率。该公司的产品主要包括提供用于分子设计和分子优化的药物设计平台、人工智能服务以及用于药物晶体学分析的 AI 平台。

与传统的药物研发方法相比，AIGC 在药物研发方面具有一些优势。比如，它可以更快速地筛选出合适的药物分子，缩短研发周期和降低研发成本，同时可以提供更多的数据支持，帮助研究人员更好地了解药物的性质和效果。

7.4.3 精准医疗

在精准医疗方面，AIGC 也扮演着重要的角色。精准医疗是指根据个体的基因组、病历和环境等信息，为其量身定制的医疗保健方案，其目的是提供更加精确、高效的个性化医疗保健服务。AIGC 可以通过大数据分析、机器学习和人工智能等技术，为精准医疗提供数据支持和决策工具。碳云智能（iCarbonX）是一家总部位于中国深圳的精准医疗公司。该公司利用 AIGC 技术进行个性化医疗的研究和开发工作，通过分析大规模的基因组数据、生理数据和生活习惯数据等，帮助医生更好地了解病人的健康状况，从而提高病人的诊疗效果和康复效果。

在基因组学方面，AIGC 可以分析大量的基因组数据，发现基因变异与特定疾病之间的关联，从而为医生提供更加精准的诊断和治疗方案。同时，在药物治疗方面，AIGC 可以基于个体的基因组数据和药物代谢信息，预测个体对药物的反应及药物对个体的副作用，从而为医生制定更加个性化和有效的药物治疗方案。

与传统的医疗方式相比，精准医疗的优势在于它可以根据个体的特定信息，为每个患者量身定制医疗方案，提高医疗保健服务的效率和质量。而 AIGC 在精准医疗方面的应用，则可以使得医生更准确地分析患者的基因组数据和病历信息，制定个性化和有效的医疗保健方案，从而更好地为患者提供医疗保健服务。

总体来说，AIGC 在医疗保健领域的应用，不仅提高了疾病诊断和治疗的精度与效率，也为药物研发和精准医疗等提供了数据分析支持和决策工具。这些应用可以提高医疗保健服务的效率和质量，从而为患者提供更好的医疗保健服务。

7.5 AIGC+ 金融：大数据与人工智能革新

金融在国民生产中扮演着极为重要的角色。金融业不仅直接影响着金融市场，还影响着其他产业的融资和投资活动，如制造业、服务业等。在经济发展的过程中，金融业起到了重要的催化和支持作用，是经济发展的关键领域之一。

随着人工智能和大数据技术的不断发展，金融领域也开始逐步采用人工智能和大数据技术，以提高业务效率和降低风险。这些新兴技术为金融领域带来了更多的机遇，也带来了更多的挑战。金融领域需要快速适应这些技术变革，才能更好地满足客户需求、提高经营效率，降低成本和风险。

金融业是信息密集型行业，海量数据的处理和分析是金融机构所面临的重要挑战。人工智能和大数据技术能够通过分析金融市场和客户行为等海量数据，为金融机构提供更精确、更全面、更实时的决策支持，从而提高金融机构的竞争力和风险控制能力。AIGC 在金融领域的应用，已经成为提高金融机构盈利能力、降低风险、提升客户满意度的必然选择。

在金融领域，AIGC 可以用于许多不同的任务，其中包括风险评估、投资组合管理、反欺诈措施、市场预测等。

7.5.1 风险评估

在金融领域中，风险评估是一项非常重要的工作。金融企业需要了解客户的信用风险、资产风险等。AIGC 可以通过分析大量的数据，包括客户的信用历史、财务状况、社交媒体等信息，来预测客户的风险等级。例如，花旗银行（CitiBank）应用 AIGC 技术来帮助客户更好地管理账户，向客户提供更精确、更个性化的服务。

该技术还可以帮助银行进行风险评估，降低潜在的信用风险和市场风险。

7.5.2 投资组合管理

投资组合管理是指管理投资组合中的各种资产，以最大限度地降低风险、提高收益。AIGC 可以分析大量的数据，包括公司的财务状况、市场趋势、行业趋势等，来预测资产和投资可能会获得的收益和带来的风险。比如，摩根士丹利（Morgan Stanley）利用 AIGC 技术改进了其交易系统，使其能够更快、更准确地执行交易，减少人为错误。

7.5.3 反欺诈

在金融领域中，欺诈是一个非常严重的问题。AIGC 可以通过分析大量的数据，包括客户的历史交易、地理位置、社交媒体等，来识别潜在的欺诈行为。银行可以使用机器学习算法来分析客户的行为模式，以便检测出潜在的欺诈行为。比如，如果客户在短时间内多次尝试使用不同的信用卡或借记卡进行交易，这可能表明其正在尝试进行欺诈活动。机器学习模型可以在这种情况下发出预警，通知银行工作人员对该客户进行更详细的核查。

此外，机器学习算法还可以分析客户交易的历史记录，以便检测出不寻常的交易模式。比如，如果客户过去从未进行过国际汇款，但突然开始大量进行国际汇款，这可能表明其正在进行欺诈活动。机器学习模型可以在这种情况下同样会发出预警，通知银行工作人员对该客户进行更详细的核查。

在这种情况下，AIGC 可以帮助银行自动检测欺诈行为，从而提高反欺诈的效率和准确性，并降低银行的风险。

7.5.4 市场预测

AIGC 可以通过分析大量的市场趋势、行业趋势、公司财务状况等数据，来预测市场的未来走向。这可以帮助投资者更好地进行决策。Bridgewater Associates（桥水基金）作为世界上最大的对冲基金之一，也在使用机器学习和人工智能技术进行市场预测和投资决策。比如其“Pure Alpha”策略就是以深度学习模型为基础，可以自动识别市场趋势并做出相应的投资决策。

除了以上提到的应用，AIGC 在金融领域还可以用于股票交易、财务规划、客户服务等方面。

举个例子，美国知名的投资公司 BlackRock（贝莱德）就利用 AIGC 来分析大量的数据，预测股票可能的收益和风险。另一个例子是支付宝利用 AIGC 来帮助用户进行风险评估和提供反欺诈措施，保障用户的支付安全。

7.6 AIGC+ 农业：革新农业，未来可期

农业是人类最基本的生产活动之一，涉及食品生产、制造原料、能源生产等多个方面。农业的发展和现代化关系到国家的粮食安全和经济发展，切实关系着人民的饮食安全和生命健康。

当提到农业时，我们可能会想到农民在田野上劳作时种植庄稼、饲养牲畜等场景。然而，现代农业已经不再是单纯的人工劳动了。随着科技的不断发展，人工智能技术越来越多地被应用到农业领域，为现代农业带来了很多的便利和发展机遇。

在现代化的农业生产中，人们需要采用先进的技术手段来提高种植农作物的生产效率和质量，减少对资源的浪费和对环境的污染。其中，对 AIGC 技术的应用就成了农业领域的一个热门话题。通过将 AIGC 技术与农业相结合，可以实现农业生产的智能化、数字化和精准化。

AIGC 技术可以利用大量的农业数据，对作物生长环境、土壤质量、气象等因素进行分析和预测，从而为农业生产提供准确的指导和建议。

7.6.1 农作物种植和管理

在农业生产中，农作物的种植和管理是至关重要的环节。借助 AIGC 技术，农业生产者可以对农作物的生长过程进行精准监测和预

测。比如，通过对大量的土壤、水分、气象等数据进行分析，AIGC可以为农民提供对农作物适宜的生长环境、最佳的灌溉方案和最优的施肥方法等问题的建议或指导。同时，AIGC还可以分析农作物的生长状况，及时诊断和预测可能的病虫害等问题，并提供精准的防治措施，从而最大限度地减少病虫害等对农业生产的影响。

7.6.2 农业物流和供应链管理

除了农作物的种植和管理，农业生产中的物流和供应链管理也是非常重要的环节。通过AIGC技术，农业生产者可以对物流和供应链的各个环节进行监测和优化。比如，AIGC可以利用大量的物流数据，对物流路线、物流成本、运输效率等因素进行分析和预测，从而提高物流的效率，降低物流成本。同时，AIGC还可以对农产品的质量和安全进行监测和预警，从而确保农产品的安全、品质与可追溯。

7.6.3 农业机器人和自动化

随着科技的不断发展，越来越多的农业生产环节已经实现了自动化和智能化。通过AIGC技术，农业生产者可以更便捷地对农业机器人和自动化设备进行监测和控制。比如，AIGC可以分析农业机器人的运行数据，对机器人的工作效率和性能进行优化，从而提高机器人的工作效率和生产质量。同时，AIGC还可以对机器人的故障进行预测和诊断，从而提高机器人的可靠性和使用效率。

中科院自动化所智慧农业团队利用传感器监测和 AIGC 技术，对农作物生长情况、土壤状况、气象变化等进行监测和分析，为农业生产者提供个性化的种植方案和管理建议。

中科云麦利用 AIGC 技术和物联网技术开发了一种农业智能设备，可以对农田的温度、湿度、光照等多个方面进行监测和管理，从而提高生产效率和作物质量。

爱农科技是一家集农业科技、云计算和物联网技术于一体的农业综合服务商。该公司利用传感器监测和 AIGC 技术，对农作物生长状况、土壤状况、气象变化等进行监测和分析，为农民提供全方位的农业解决方案。

再比如阿里云推出的“阿里云智慧农业”和金山云推出的“金山云农业大脑”等农业科技服务，都是利用 AIGC 技术和物联网技术，对农作物生长状况、土壤状况、气象变化等进行监测和分析，为农民提供个性化的种植方案和管理建议。

7.7 OpenAI

7.7.1 概述

OpenAI[1] 成立于 2015 年，是一家非营利的人工智能研究公司，由非营利组织 OpenAI Inc. 及其营利性子公司 OpenAI LP 所组成，总部位于美国旧金山。OpenAI 由一群科技界知名人士共同创立，其中包括了埃隆·马斯克（Elon Musk）和山姆·阿尔特曼（Sam Altman）等人，公司建立之初旨在推进人工智能技术的发展，同时确保人工智能技术的发展对全社会产生积极影响，不受经济回报限制地来推进数字智能造福人类，并向公众开放专利和研究研究成果。

2016 年 5 月，OpenAI 发布了第一版 GPT 语言模型，引起了科技界的广泛关注。而在公司于 2018 年 6 月推出了 GPT-2 模型之后，因模型在一定程度上能够理解和生成类似人类的语言而引发了许多关于人工智能对社会和媒介影响的讨论。由此 OpenAI 开始限制研究成果的开放程度。

2019 年 3 月，OpenAI 宣布从“非营利（non-profit）”性质过渡到“有限营利（capped for profit）”性质。同年，微软向 OpenAI 投资 10 亿美元，双方将携手合作替 Azure 云端平台服务开发人工智能技术。2020 年 6 月 11 日 GPT-3 语言模型发布，微软于 2020 年 9 月 22 日取得独家授权。自此，OpenAI 也正式开始商业化运作。

2022 年 11 月，OpenAI 发布了名为 ChatGPT 的自然语言生成式模型，它以对话方式进行人机交互，仅仅一周左右就拥有了 100 万用户。

7.7.2 技术与研究

OpenAI 的技术和研究领域涵盖了自然语言处理、计算机视觉、强化学习等多个方向。OpenAI 自成立以来，发布了许多著名的人工智能技术与成果，如大语言模型 GPT 系列、文本生成图片预训练模型 DALL•E 系列、Codex 代码生成器和 MuseNet 音乐生成器等。

1. 研究重点

- 自然语言处理：研究重点主要包括语言模型、机器翻译、问答系统、文本分类等众多领域。OpenAI发布的GPT系列语言模型在这些领域已经取得诸多进展，其研究成果已经应用于多个商业领域。
- 计算机视觉：研究重点主要包括图像识别、目标检测、图像生成等方面。其DALL・E图像生成器可以根据用户描述生成符合文本描述的图像，为计算机视觉领域带来了更多的可能性。
- 强化学习：OpenAI的强化学习研究主要关注人机协作、机器人控制、自动驾驶等方面。OpenAI 在 AlphaGo、AlphaZero、OpenAI-Five 等强化学习项目上都取得了重大研究成果。

2. 技术成果

- 2016年4月27日，一种通用的强化学习环境OpenAI Gym Beta发布。它可以帮助研究人员和开发者在强化学习领域进行实验和研究，并且支持Python、C++、JavaScript等编程语言和框架。OpenAI Gym Beta是OpenAI发布的第一个项目。

- 2018年6月，GPT-1预训练语言模型发布。该模型在当时各项自然语言处理任务上都取得最佳效果，也为后来更强大的GPT系列语言模型奠定基础。
- 2018年，OpenAI-Five人工智能团队成立，专门用于参加Dota2这款游戏的人机博弈比赛，并在2018年8月首次参加了Dota2的比赛，且多次在人机对战比赛中获得胜利。除了OpenAI-FIve，OpenAI也在其他领域进行了多次人机博弈实验，如AlphaGo、AlphaZero等。这些实验为人工智能技术的发展和应用带来了重要的启示和创新，并引起了人们的广泛关注与讨论。
- 2019年2月14日，1.24亿参数版本的GPT-2语言模型发布；2019年11月5日，15亿参数的完整版本的GPT-2预训练结果发布。
- 2019年4月25日，音乐合成器MuseNet发布，可以自动地生成不同风格的音乐片段、曲子及和声等，涵盖了多种风格和类型，包括古典音乐、流行音乐、爵士乐等。MuseNet 的应用场景广泛，可以应用于音乐教育、音乐创作、音乐制作等多个领域，同时也可以作为音乐家、作曲家和音乐爱好者的参考和辅助工具。
- 2020年5月28日，OpenAI正式公布GPT-3的相关研究成果，在当时为全球最大的预训练模型，参数量达到1760亿。

- 2020年6月17日，Image GPT模型发布。这是 OpenAI 在 GPT 系列语言模型的基础上扩展到图像领域的应用。Image GPT 的应用场景广泛，可以应用于游戏、虚拟现实、影视制作、广告等。同时，Image GPT 的技术也可以扩展到其他领域，如医疗影像、自动化控制、工业检测等，为人工智能技术的应用和发展带来了新的可能性。
- 2021年1月5日，CLIP模型发布。这是一种自然语言处理和计算机视觉相结合的模型。CLIP模型可以在多个领域实现跨模态的应用，在视觉与语言的匹配和理解方面表现出色，可以用于图像搜索、图像分类、目标检测等任务。该模型是多模态领域一项非常具有代表性的工作。
- 2021年1月5日，图像生成技术模型DALL・E发布。DALL・E 可以根据用户输入的文本描述自动生成符合要求的图像。该模型采用了深度学习、图像处理、自然语言处理等多项技术，可以应用于虚拟现实、游戏、电影等领域。
- 2021年8月10日，Codex发布。这是一款基于GPT-3开发的自动编程工具。Codex 在技术革新上有着非常重要的意义，它标志着编程变得更加高效和智能化，推动了人工智能技术的应用和发展的新进展。
- 2022年1月27日，InstructGPT模型发布。相较于GPT-3，该模型可以更好地遵循用户意图，真实性也更强。

- 2022年4月6日，DALL・E2模型发布。相较于DALL・E，其特点在于可以生成高度复杂和逼真的图像，生成内容包括绘画、插图、动画等多种类型，功能更加强大。
- 2022年9月21日，Whisper模型发布。这是一款语音识别和合成技术，实现了更加智能化和自然的语音交互，并且完全开源。
- 2022年11月30日，ChatGPT应运而生，虽然仅仅是一个人工智能对话系统，但在很多问题上有着近乎完美的表现，成为一款现象级应用。

7.7.3 商业应用

OpenAI 的技术具有广泛的商业应用前景，可以应用于各种行业和领域，如自动化控制、智能制造、医疗健康、金融服务、教育培训、广告制作等。并且 OpenAI 与众多国际公司都存在合作关系，也为这些技术应用提供了更多可能性。

1. 与微软的深度合作

- 2019年7月22日，微软投资OpenAI 10亿美元，双方将携手合作替Azure云端平台服务开发人工智能技术。
- 2022年1月16日，微软云计算Azure官方宣布将上架OpenAI的AI预训练模型服务，包括GPT-3.5、ChatGPT、DALL・E 2以及Codex等。而这些模型此时连官方的API都尚未提供，这也从侧面证明微软与OpenAI的关系更进了一步。

- 2022年1月10日，Semafor报告说微软准备投资100亿美元给OpenAI（总估值290亿美元），该投资未被公开，但是报告显示该投资已经在2022年年底前完成。

2. 基于 OpenAI 技术成果的应用

根据统计 [2]，当前 OpenAI 共推出 9 款模型，基于这 9 款模型开发的应用，当前共有 661 款。这 9 款模型包括：ChatGPT、OpenAI CLIP、DALL•E、DALL•E2、GPT-2、GPT-3、GPT-J、WebGPT、OpenAI Codex。661 款应用涵盖了教育培训、广告制作、金融服务、计算机等众多领域。

7.7.4 OpenAI的影响

1. 推动人工智能技术的发展

OpenAI 为人工智能技术的发展提供了新的思路和方向，通过创新和突破，推动了人工智能技术的快速发展和应用。

2. 促进人工智能技术的规范化

OpenAI 促进了人工智能技术的规范化，使人工智能技术的应用更加透明和可靠。OpenAI 强调人工智能技术的责任和安全问题，并在这方面提出了多项举措。

3. 推动人工智能的广泛应用

OpenAI 的技术被广泛应用于多个领域和不同场景，如自动驾驶、语音识别、图像识别、自然语言处理等，推动了人工智能在现实生活中的应用，使得人工智能技术更加贴近人们的生活和需求。

4. 开启了人工智能的新篇章

OpenAI 开启了人工智能的新篇章，为人工智能技术的未来发展奠定了基础，在人工智能技术的研究和应用方面作出了卓越贡献，为人工智能技术的发展和应用提供了新的思路和方向。

总之，OpenAI 在人工智能领域的影响是巨大的，它推动了人工智能技术的发展和应用，促进了人工智能技术的规范化，开启了人工智能的新篇章，为人工智能技术的未来发展提供了新的思路和方向。

7.8 参考资料

[1] OpenAI. OpenAI[EB/OL]. 2015-12[2023-04]. https://openai.com.

[2] OpenAI. GPT-3 Demo[EB/OL]. 2020-5[2023-04]. https://GPT3demo.com.

第 8 章

AIGC 的风险与展望

惟草木之零落兮，恐美人之迟暮。

——屈原

近年来，随着 AIGC 技术的快速发展，AI 绘画、AI 换脸、AI 变声、数字人、智能聊天机器人迅速出圈，国内外互联网大公司及一些新兴的人工智能公司也推出了一系列产品，进行各种场景的商业化落地。深度合成技术生成的虚拟内容达到了极佳的视听效果，已经开始应用在影视、传媒、游戏等内容制作领域，对于改善制作效果、提高制作效率起到了很大的作用。AIGC 在社会生产和日常生活中扮演着越来越重要的角色，因其强大的迅速生成能力、丰富的知识创造能力等，把人类从廉价劳动力工作中解放出来，从而使其可以更好地从事创造性工作，带给社会诸多益处。

虽然 AIGC 生发的创造力及联想力极具潜力，但人们也开始担忧 AI 制作是否涉及版权、伦理等问题。利用 AIGC 进行绘画、视频、语音生成，没有相关专业能力的人也可以制作出难以分辨的专业级别作品，引发了内容创作者对于知识产权等问题的担忧。一方面，根据相关法律规定，作者只能是自然人、法人或者非法人组织，而 AI 无法成为某个主体。另一方面，AI 生成的作品具有较强的随机性，难以获得足够的有效证据证明侵权的成立。这也使我们很难回答 AI 是否具有真正意义上的创造力这一问题。

8.1 AIGC 的风险与不足

以下三小节中，我们将阐述一下当前 AIGC 面临的风险与存在的不足。

8.1.1 关键技术仍然不够成熟

人工智能算法在透明度、稳定性、偏见与歧视方面仍存在技术局限，当前的深度模型是黑箱运作模式，其运行规律和逻辑很难被人理解，这就给一些问题的修改造成困难。当前模型效果大多依赖于训练数据，训练数据的不足或陈旧都会对模型效果产生影响，训练完成的大模型在实际应用场景中也会持续学习和迭代，新数据的加入会影响模型的稳定性。模型效果依赖于训练数据，如果训练数据存在偏见和歧视，就会影响到模型的运行效果，因此如何消除深度模型的歧视问题也是当前人工智能深度学习的研究热点。

另外，当前深度学习模型中存在创作能力不足的问题。比如图像生成方面，当前的模型大多只能生成特定任务，需要预置多种限制条件，而开放性任务的多功能生成仍难以实现。再比如文字生成方面，最近的 ChatGPT 展现了让人惊艳的效果，可以说是 AIGC 在 NLP 领域实现了从 0 到 1 的突破，在语句通顺性和上下文的逻辑性上取得了巨大的提高。但是还存在许多问题，其中一个就是稳定性还有待提高。目前对 ChatGPT 进行大批量测试还是会出现很多关联性不强的奇怪回答，对专业性较强的问题大都只能给出一些通用的回答，特别是对于一些特定专业领域的文本生成，ChatGPT 生成的文本内容偏生硬、重复，并未达到人类对专业领域生成的需求，很多生成的文本更像是从网络上进行摘抄的片段；此外 ChatGPT 对于一些事实性知识的生成存在较多错误。另一个问题是 ChatGPT 的回答严重依赖于训练数据，有点像是对数据的提炼总结，很难称之为“智能”。

对于图像生成技术，以 Stable Diffusion 为代表的图像生成模型，虽然可以“画”出诸如《太空歌剧院》此类惊人的图片，但仍会生成大量毫无意义的画作。目前技术发展不够成熟仍是 AIGC 发展的主要瓶颈。

对于语音生成技术，以 FastSpeech 为代表的声学模型，生成语音的效果与真人丰富的情感表达相比还有一段很大的差距，在情感、韵律上的效果并非差强人意。

8.1.2 监管难度加大

无论是 ChatGPT、AI 绘画还是语音合成，均具备强大的内容生成能力，而由于深度学习技术生成的内容具有很高的逼真程度，甚至已经可以以假乱真，该技术也有很大可能被不法分子用于伪造和欺骗，如伪造公众人物发言，伪造知名演员作品，伪造音频进行诈骗、诽谤等违法行为等，给国家安全和社会稳定带来挑战。另外，现有的AI公司良莠不齐，在缺乏完善的市场监管情况下，可能会存在部分不法分子通过AIGC手段通过诈骗、侵害他人利益等赚取不义之财；而市场监管需要对文本、图片、视频等是否由AI生成进行判别，在实际操作中需要投入大量的人力与时间。

随着技术的进一步发展，AIGC的制作成本越来越低，再加上互联网这层虚拟的外衣，更增加了监管难度。AIGC行业和市场需要与其发展相匹配的监管政策，同时监管部门也需要更高的监管技术来识别和分析生成的内容。

为了引导以深度学习为主的新兴智能技术的健康发展，合理的监管措施是必需的，因此世界各国都陆续出台了一些监管措施。2022年11月25日，中国国家互联网信息办公室会同工业和信息化部、公安部发布《互联网信息服务深度合成管理规定》。该规范厘清了深度合成技术的定义与应用范围，明确了深度合成服务提供者、技术支持者和使用者及应用程序分发平台的各方责任，要求深度合成服务提供者对使用者进行真实身份信息认证，同时要求对深度合成内容进行合理标识，避免公众混淆。

8.1.3 AIGC的其他负面影响

近来，为了防止学生使用ChatGPT作弊或进行其他学术不端操作，很多欧美大学开始禁止学生使用ChatGPT。这一方面说明了ChatGPT的功能确实强大，另一方面也体现出防止AI滥用的监管需求也越来越迫切。在教育领域，因为 ChatGPT 的强大能力，很多高校学生在平时学习过程中都已出现依赖 ChatGPT 的情况，如使用 ChatGPT 进行考试、写作等，制约了学生的个人能力的发展。当前已经有部分高校将使用 ChatGPT 进行考试以作弊处置，众多高校都又明令封禁 ChatGPT。

在互联网上，因为 AIGC 的迅猛发展，目前已经充斥了各类 AI 生成内容，这些内容与人类编辑创造的内容已经很难区分。而 AI 技术的发展依赖于网络上众多人类生成内容，当 AI 生成内容逐步占领互联网时将会限制 AI 技术的进一步发展。并且 AI 生成内容的真实性难以得到保证，无形中也会增加人类对真实内容获取的难度。

8.2 对 AIGC 的展望

AIGC 还处于起步阶段，随着技术的不断发展、AI 生态的逐步完善，AIGC 在未来仍然有巨大的潜力。以下分别从 AI 技术的持续发展、AIGC 产品的不断丰富、AIGC 生态的逐步完善三个角度叙述对 AIGC 的展望。

8.2.1 AI技术的持续发展

AIGC 的发展离不开 AI 技术的发展，虽然当前 AI 技术相较于以往有了突飞猛进的进展，但相较于人类水平还有很大一段距离。当前的 AIGC 仅能在简单场景下发挥作用，在一些特别需要高度专业性知识和个性化服务的领域，尚不能取代人类专业人士的角色。比如在法律领域，AI 技术可以处理大量的文本和案例，并生成一些法律意见，但律师不能仅依赖 AI 技术来分析法律案件。因为法律案件涉及许多因素，如对法律条款的解释、证据的收集、法院的裁决等，这些都需要律师根据自己的专业知识和经验来具体判断和处理。由此可见，AI 在技术上需要不断创新、持续发展。

当前，AIGC 的应用仍需要强大且昂贵的硬件支持，这使得它的使用成本较高，难以普及到更广泛的群体中。为了让 AIGC 的能力更好地服务大众，需要降低其成本，使其成为更具实用性和经济性的技术。为此，需要在 AI 技术的研发方面进行更多努力。一方面，需要开发更高效的算法，以减少 AI 的硬件需求，提高其性能和效率。另一方面，需要研发更便宜的硬件设备，比如便携式设备和智能手机，以及更加节能的云计算架构，从而降低 AIGC 的成本，让更多人可以使用它。此外，需要进一步研究更简单便携的部署方式，以进一步降低 AIGC 的使用门槛。

8.2.2 AIGC产品的不断丰富

AIGC 产品虽然已经具有一定的应用价值，但其种类和功能仍然过于单一和简单，交互能力也比较局限和死板。比如，目前的 ChatGPT 仅能进行文字交流，而不能生成图像、音频、视频等多媒体内容；语音合成也仅能用于单向的语音合成，无法进行复杂的语音对话；而图像生成应用虽然已经有了一定的成果，但对于视频生成仍显鸡肋。此外，AR，VR 与 AI 的结合、虚拟世界与现实世界的联结、数字生命等基于 AIGC 的应用产品也仍处于发展的初期。

为了满足更多用户的需求，AIGC 行业需要进一步丰富 AIGC 产品的种类和功能。首先，需要开发更加多样化和复杂化的 AIGC 产品，以满足用户对多媒体和跨媒体交互的需求。比如，在聊天机器人应用中加入语音、图像和视频等多媒体交互功能，让聊天机器人能够更加丰富地表达和沟通。又比如，在音频生成应用中加入语音识别和语音对话功能，优化用户的交互体验。再比如，在图像生成应用中，加强算法优化和技术升级，提高生成的质量和逼真度，满足更高的商业需求。

同时，AIGC 行业还需要进一步探索 AR、VR 与 AI 的结合，以提供更加精准和高效的虚拟现实体验。在数字生命领域，则需要进一步开发更加智能和逼真的数字人物和虚拟角色，为用户带来更加丰富和真实的虚拟世界体验。

8.2.3 AIGC生态的逐步完善

AIGC 技术本身就像一把双刃剑，既可以带来巨大的价值和创造力，也会带来一些潜在的风险和挑战。因此，合理运用 AIGC 技术并规避风险和危害，需要整个 AIGC 生态的完善和健康发展。

为此，我们需要为 AIGC 行业制定一整套完善的市场监管政策，以确保其合法、公正和可持续的发展。这包括：对 AIGC 技术的研究和开发进行严格的监管和评估，保证其质量和安全性；对 AIGC 技术的应用进行全面的监管和评估，避免其对社会造成潜在的负面影响；对 AIGC 技术的知识产权和商业模式进行规范和管理，尊重创造，保障创新和竞争的公平性。

同时，我们还需要为整个 AIGC 行业建立更加安全和有效的生态环境。这包括：建立更加完善的数据隐私和安全保护机制，保护用户的隐私和数据安全；建立更加公开和透明的信息共享和交流机制，促进 AIGC 技术的开放和合作；加强关于 AIGC 技术的教育和培训，提高用户和管理者对 AIGC 技术的理解和认知。

总之，制定更加完善的市场监管政策和建立更加安全、有效的 AIGC 生态，以促进 AIGC 技术更好的发展和应用，为人类带来更多的创新和便利。如此，AIGC 技术将更好地服务于人类，提高人类生活的幸福度。